全国高职高专测绘类核心课程规划教材

建筑工程测量实训

主　编　弓永利

副主编　李映红　关　毅

WUHAN UNIVERSITY PRESS
武汉大学出版社

图书在版编目(CIP)数据

建筑工程测量实训/弓永利主编;李映红,关毅副主编.—武汉:武汉大学出版社,2013.8(2018.1 重印)
全国高职高专测绘类核心课程规划教材
ISBN 978-7-307-11371-8

Ⅰ.建… Ⅱ.①弓… ②李… ③关… Ⅲ.建筑测量—高等职业教育—教材 Ⅳ.TU198

中国版本图书馆 CIP 数据核字(2013)第 166199 号

责任编辑:王金龙　　责任校对:刘　欣　　版式设计:马　佳

出版发行:**武汉大学出版社**　(430072　武昌　珞珈山)
(电子邮件:cbs22@whu.edu.cn 网址:www.wdp.com.cn)
印刷:湖北睿智印务有限公司
开本:787×1092　1/16　印张:8　字数:190 千字　插页:1
版次:2013 年 8 月第 1 版　　2018 年 1 月第 3 次印刷
ISBN 978-7-307-11371-8　　定价:19.00 元

前　言

《建筑工程测量实训》是《建筑工程测量》课程的配套实训教材，由内蒙古建筑职业技术学院弓永利任主编，李映红、关毅任副主编。本实训教材分为单项项目实训与综合项目实训两大部分。其中5个单项项目实训为：水准测量实训、角度测量实训、距离测量实训、全站仪的认识与使用实训、GPS的认识与使用实训，各个单项项目实训又根据实训内容分为几个子项目，可以分别在课堂中完成实训；另外4个综合项目实训为：小地区控制测量实训、地形图测绘实训、建筑工程测量实训、线路工程测量实训，各个综合实训项目又分解成若干个实训任务。每个实训项目都包括实训目标、实训内容、实训条件、仪器设备及精度技术指标、实训程序、实训注意事项、实训报告、学生总结、教师评阅等内容。附录由测量常用单位及换算关系等五部分内容组成。

在本书编写过程中，测量实训须知、综合实训项目二地形图的测绘及附录部分由内蒙古建筑职业技术学院弓永利编写，单项实训项目一水准测量由内蒙古建筑职业技术学院王跃宾编写，单项实训项目二角度测量由内蒙古建筑职业技术学院齐秀峰编写，单项实训项目三距离测量由内蒙古建筑职业技术学院冯雪力编写，单项实训项目四全站仪的认识与使用由内蒙古建筑职业技术学院王跃宾和关毅共同编写，单项实训项目五GPS的认识与使用由内蒙古建筑职业技术学院韩继颖编写，综合实训项目一小地区控制测量由内蒙古建筑职业技术学院郭晓华和王凯共同编写，综合实训项目三建筑工程测量由内蒙古师范大学叶志刚编写，综合实训项目四线路工程测量由内蒙古师范大学叶志刚和内蒙古建筑职业技术学院李映红共同编写。

由于编者水平有限，教材中不妥及不足之处在所难免，恳请读者给予批评指正。

编　者

2013年6月

目 录

测量实训须知

建筑工程测量是一门实践性很强的专业技术基础课；测量实训是测量课程教学中不可缺少的重要环节。测量实训分为课堂教学实训与集中教学实训，课堂教学实训是在课程教学过程中配合理论教学完成的各个单项实训项目，集中教学实训是在全部课程教学结束后，通过1—2周的时间完成与专业紧密结合的综合测量实训项目。

通过课堂教学实训，学生能通过操作仪器、观测、记录、计算、绘图、写实习报告等，巩固课堂所学的基本理论，熟悉测量仪器的构造，掌握仪器操作的基本技能和测量作业的基本方法。通过集中教学实训，学生能进一步加深对课程内容和专业测量知识的全面理解和掌握，充分应用测量专业知识，有效地理论结合实际，提高测量技能。因此，我们必须对每一次课堂教学实训及集中教学实训予以重视。

一、测量实训规定

(1)实训分小组进行，组长负责组织和协调实训工作，办理仪器工具的借领和归还手续。

(2)对实训规定的各项内容，小组内每人均应轮流操作；实训报告应独立完成。

(3)实训应在规定时间内进行，不允许无故缺席或迟到早退；实训应在指定地点进行，未经实训指导教师批准，不允许擅自改变实训地点。

(4)应该遵守测量仪器和工具的领借规则和测量记录与计算规则。

(5)应认真听取实训教师的指导，实训的具体操作应按实训指导书的要求及步骤进行。

(6)实训中出现仪器故障、工具损坏和丢失等情况时，应及时向指导教师报告，不可随意自行处理。

(7)实训结束时，应将实训结果交指导老师审阅，合乎要求后方可结束实训，收拾和清洁仪器工具，归还实训室，课后完成实训报告的整理工作。

二、测量实训准备工作

(1)实训前应认真阅读实训指导书，明确实训内容及要求，了解实训方法及注意事项，复习教材中的相关章节，弄清基本概念及操作要领，保证按时完成实训任务。

(2)按指导书要求，各班分若干小组，每小组设正副组长各一人，负责本组实训全过程中仪器、工具的借领、保管、归还，并负责本组实训工作组织、人员分工，做到人人心中有数，既各负其责，又紧密配合，保证实训任务的完成。

三、测量仪器及工具的借领与正确使用

测量仪器多为精密、贵重仪器，对测量仪器的正确使用、精心爱护和科学保养，是测量人员必须具备的素质和应该掌握的技能，也是保证测量成果质量、提高测量工作效率和延长仪器工具使用寿命的必要条件。测量仪器工具的借领使用过程中应严格遵守下列规定：

(一)仪器的借领

(1)每个班级学生的测量实训以小组为单位，每次进行测量实训前，每个小组需按实训指导书的要求，向测量实训室借领所需的仪器及工具。

(2)学生借用仪器时，需由组长带本组学生凭学生证到实训室领取，实训管理人员应在借领登记表上认真填写日期、班级、组别、姓名、仪器、工具，组长将学生证交实训管理人员后，方可由组员将仪器带出。

(3)借领时应该当场清点检查：实物与清单是否相符；仪器工具及其附件是否齐全；背带及提手是否牢固；脚架是否完好等。如有缺损情况，应立即通知仪器管理人员，及时解决并分清责任。离开借领地点之前，应锁好仪器箱并捆扎好各种工具。搬运仪器工具时，应轻取轻放。

(4)学生借用仪器时，需按编组顺序有秩序的进行，除特殊情况，征得实训室同意外，不允许任意调换仪器。

(5)学生借用的仪器、设备，不允许转借，做课堂教学实训时，借领的仪器设备要求在实训任务完成后及时归还实训室。集中教学实训时，各组的仪器设备应由专人负责妥善保管存放，待实训结束时一并归还(特别贵重的仪器应听从实训指导教师的安排每日借领归还)。

(6)在归还仪器时，应将架腿擦净，放回原处，并由实训管理人员对仪器进行检查清点后，发还学生证。

(7)学生借用的仪器设备，应按操作要求使用，并需加以爱护，如遇损坏、遗失，应立即向指导老师报告，视情节轻重，给予处理并按有关规定赔偿损失。

(二)仪器的安置

(1)安置脚架时应拧紧架腿固定螺旋，防止因架腿收缩而损坏仪器，架腿张开适当角度，铁脚扎稳，脚架架头保持平稳。

(2)开箱时应将仪器箱平放在地面上，不要托在手里或抱在怀里开箱，以防仪器摔坏，开箱后要记好仪器在箱内的安放位置，以免用后装箱时安放不当而损坏仪器。

(3)取仪器时，应先松开制动螺旋，握住仪器坚实部位，轻轻取出仪器放在脚架架头上，保持一手握住仪器，一手拧连接螺旋，使仪器与脚架连接稳固。切勿用手提望远镜，仪器取出后随即关好仪器箱，严禁在箱上坐人或踩踏。

(4)仪器应尽可能避免架设在交通道路上；仪器安置好后必须有人看守，防止无关人员搬弄或行人、车辆碰撞，并撑伞遮阳、避雨，防止仪器日晒雨淋。在斜坡上安置仪器时注意须将脚架的两条架腿在斜坡的下方，以防仪器倾倒。

(三)仪器的使用

(1)在仪器操作过程中，不允许将两腿跨在脚架腿上，也不能将双手压在仪器或仪器

脚架上。

(2)仪器的目镜、物镜要保持清洁，不可用手触摸，若有沾污，可用镜头纸或软毛刷轻轻拂去，不允许用手帕或粗硬纸擦镜头，以免划伤。带有镜头盖的仪器应在观测结束后及时盖好镜盖。

(3)拧动仪器各部螺旋时用力要适当，不得过紧。转动仪器时，应先松开制动螺旋，再平稳转动；使用微动螺旋时，应先旋紧制动螺旋；未松开制动螺旋时，不能转动仪器或望远镜；微动螺旋不要转至尽头，以防失灵。

(4)在仪器使用过程中出现的故障，应立即向指导教师汇报，不得自行处理。

(5)使用仪器后，要仔细检查仪器是否完好。

(6)对特别贵重和精密的仪器，在使用过程中应格外加以保护和注意。

(四)仪器的搬迁

(1)在行走不便的地区迁站或远距离迁站时，必须将仪器装箱之后再搬迁。

(2)短距离迁站时，收拢脚架，一手握仪器于胸前，一手握脚架夹于臂下，保证仪器向上方倾斜。

(3)搬迁时，小组其他人员应协助观测员带走仪器箱和有关工具，防止丢失。

(五)仪器的装箱

(1)每次使用仪器之后，应及时清除仪器上的灰尘及脚架上的泥土。

(2)仪器从架头上取下时，应先将仪器脚螺旋调至大致同高的位置，再一手扶住仪器，一手松开连接螺旋，双手取下仪器。

(3)仪器装箱时应保持原来的放置位置。应先松开各制动螺旋，使仪器就位正确，试关箱盖确认放妥后，再拧紧制动螺旋。

(4)清点箱内附件，如有缺少立即寻找，然后将仪器箱关上、扣紧、锁好，若合不上箱口，切不可强压箱盖，以防压坏仪器。

(六)其他测量工具的使用

(1)钢尺的使用：应防止扭曲、打结和折断，切勿在打卷的情况下拉尺，量距时，应在留有2~3圈的情况下拉尺，且用力不得过猛，以免将连接部分拉坏。防止行人踩踏或车辆碾压，尽量避免尺身着水。携尺前进时，应将尺身提起，不得沿地面拖行，以防损坏刻划。用完钢尺应擦净、涂油，以防生锈。

(2)皮尺使用时，应均匀用力拉伸，避免强力拉曳而使皮尺断裂。如果皮尺浸水受潮，应及时晾干。皮尺收卷时，切忌扭转卷入。

(3)各种标尺、花杆的使用：应保持其刻划清晰，应注意防水防潮，防弯防压。水准尺放置地上时，尺面不得靠地，不能磨损尺面刻划的漆皮。应有专人负责立尺立杆，不准靠墙或电杆上。不用时安放稳妥，塔尺的使用，还应注意接口处的正确连接，用后及时收尺。

(4)测图板的使用：应注意保护板面，不得乱写乱扎及磕碰损伤，不能施以重压。

(5)小件工具：如垂球、测钎、尺垫、锤头等的使用，应用完即收，防止遗失。

四、光电仪器的使用规则

(1)光电仪器为特殊贵重仪器，在使用时必须有专人负责。

(2)仪器应严格防潮、防尘、防震，雨天及大风沙时不允许使用。长途搬运时，必须将仪器装入减震箱内，且由专人护送。

(3)工作过程中搬移测站时，仪器必须卸下装箱，不得装在脚架上搬动。

(4)仪器的光学部分及反光镜严禁手摸，且不得用粗糙物品擦拭。如有灰尘，宜用软毛刷刷净；如有油污，可用脱脂棉蘸酒精、乙醚混合液擦拭。

(5)仪器不用时，宜放在通气、干燥，而且安全的地方。如果在野外沾水，应立即擦净、晾干，再装入箱内。

(6)仪器在阳光下使用时必须打伞，以免曝晒，影响仪器性能。

(7)发射及接收物镜严禁对准太阳，以免将管件烧坏。

(8)仪器在不用时应经常通电，以防元件受潮。电池应定时充电，但充电不宜过量，以免损坏电池。

(9)使用仪器时，操作按钮及开关，不要用力过大。

(10)使用仪器之前，应检查电池电压及仪器的各种工作状态，看是否正常，如发现异常，应立即报告指导教师，不得继续使用，更不得随意动手拆修。

(11)仪器的电缆接头，在使用前应弄清构造，不得盲目地乱拧乱拔。

(12)仪器在不工作时，应立即将电源开关关闭。

(13)学生实训使用仪器时，教师必须在场指导。

五、测量资料的记录规则

测量记录是外业观测成果的原始记载和内业数据处理的依据。在测量记录或计算时必须严肃认真，一丝不苟，严格遵守下列规则：

(1)实训记录直接填写在实训指导书中相应的记录表格中，不能转抄。

(2)所有观测成果均要使用硬性(2H 或 3H)铅笔记录，同时熟悉表上各项内容及填写、计算方法，不得使用钢笔、圆珠笔或其他笔书写，字体应端正清晰，字体大小以占表格一半为宜，上部应留出适当空隙，作错误更正之用，记录数字要全，不得省略零位。

(3)记录观测数据之前，应将记录表头的仪器型号、日期、天气、测站、观测者及记录者姓名等全部填写齐全。

(4)写错的数字应用单横线划去，在原字上方写出正确数字，不允许用橡皮擦去或在原字上涂改。

(5)当一人观测由另一人记录时，观测者读出数字后，记录者应将所记数字复诵一遍，以防听错记错。

(6)每站观测结束后，必须在现场完成规定的计算和检核，确认无误后方可迁站。

(7)数据运算应根据所取位数，按“四舍五入，五前单进双不进”的取位规则进行取位。例如对 1.4244m，1.4236m，1.4235m，1.4245m 这几个数据，若取至毫米位，则均应记为 1.424m。

(8)记录应保持清洁整齐，所有应填写的项目都应填写齐全。

六、测量实训组织纪律要求

(1)在进行课堂教学实训及集中教学实训时，每位学生必须自始至终参加各项实训，不允许无故缺勤。

(2)在各个实训场地实训时，不得踩踏绿地、花池等，要保护各项测量标志。

(3)各小组成员应认真听从实训指导教师安排，听从组长指挥，发扬团结友爱、互助协作的精神和勤奋学习、不怕苦、不怕累、实事求是、认真负责的工作作风。

(4)各项具体实训项目均应严格遵循测量工作的组织原则，达到相应的技术规范要求。

(5)按时完成各阶段工作，不得拖延，以免影响下阶段工作进度。

实训项目一 水准测量

实训任务1.1 水准仪的认识与使用

实训目标：

了解水准仪的构造，学会水准仪的安置、瞄准和读数，能够测量地面两点间的高差。

实训内容：

(1)认识水准仪；

(2)水准仪的基本操作；

(3)测量地面两点间高差。

实训条件：

(1)在室内或室外较开阔场地选 A、B 两点；

(2)准备好相关的参考资料和记录表格。

仪器设备及精度技术指标：

每小组配备水准仪 1 套(DS_3)，水准尺 1 根，尺垫 1 个，记录板 1 个，伞 1 把。

实训程序：

1. 水准仪的安置

在 A、B 两点中间架设三脚架，高度适中，架头大致水平，踩紧脚架，用连接螺旋将仪器固定在三脚架上。

2. 认识仪器

了解水准仪各部件名称、作用及使用方法；熟悉水准尺分划、注记。

3. 概略整平

任选一对脚螺旋，在其连线的方向上调整这两个脚螺旋，使圆水准器气泡居于连线方向的中间，再转动另一个脚螺旋，使气泡居于圆水准器的中央。

4. 瞄准

先调节目镜调焦螺旋，使十字丝清晰。转动仪器，用准星和照门瞄准水准尺，拧紧制动螺旋。转动物镜调焦螺旋，看清水准尺，调整水平微动螺旋，使水准尺成像在十字丝交点处。

5. 精确整平与读数

瞄准后视水准尺，调整微倾螺旋，直到使水准管气泡两端半气泡影像完全吻合为止，立即用中丝在水准尺上读取四位读数；同时读取前视水准尺读数。

6. 记录与计算

观测者读取读数时，记录员复诵记入表中相应栏内，测完后视尺、前视尺读数可计算出两点间高差。

实训注意事项：

(1)读数前务必将水准管的符合水准气泡严格吻合，读后检查；若不吻合，应重新调平，重新读数。

(2)转动各螺旋要稳、轻、慢，用力要轻巧、均匀。

(3)读数时，要消除视差。

实训报告：

实训记录计算表格：

表 1.1　**水准仪的认识及使用**

日期：　班级：　组别：　姓名：　学号：

测站	点号	水准尺读数(m)		高差(m)		高程(m)	备注
		后视读数	前视读数	+	−		
	$\sum$						
计算检核	$\left(\sum a - \sum b\right) =$			$\sum h =$			

实训场地布置示意图：

学生总结栏：

教师评阅栏：

实训任务1.2　普通水准测量

实训目标：

(1)掌握普通水准测量的观测、记录、计算和检核的方法；

(2)熟悉闭合(或附合)水准路线的施测方法，闭合差的调整及待定高程的计算。

实训内容：

普通水准测量的外业以及内业高程计算处理。

实训条件：

(1)以已知高程点 A 为起点，选一条闭合(或附合另一已知点 C)水准路线，以4~6个测站为宜，中间设一待定点 B；

(2)准备好相关的参考资料和记录表格。

仪器设备及精度技术指标：

每小组配备水准仪1套(DS_3)，水准尺1根，尺垫1个，记录板1个，伞1把。

实训程序：

(1)在 A、B 两点之间选2~4个转点，安置仪器于 A 点与转点1中间，前、后视距大致相等；

(2)在 A 点上立水准尺，读取后视读数；再前视转点1读数，然后记入表格并计算高差；

(3)如上方法测量各测站，经过 B 点返回 A 点(或 C 点)；

(4)计算高差闭合差是否超限。

山地：$f_{h_{允}} = \pm 12\sqrt{n}$ (mm)(n 为测站数)

平地：$f_{h_{允}} = \pm 40\sqrt{L}$ (mm)(L 为路线长度，以 km 为单位)

(5)若高差闭合差值在容许范围内，则进行调整，计算待定点的高程；否则，须重测。

实训注意事项：

(1)已知点与待定点上不能用尺垫，土路上的转点必须用尺垫。仪器迁站时，前视尺垫不能移动；

(2)前、后视距大致相等，注意消除视差。

实训报告：

实训计算表格：

表 1.2 **水准路线测量记录表**

日期： 班级： 组别： 姓名： 学号：

测站	点号	水准尺读数(m)		高差(m)		备注
		后视读数	前视读数	+	−	

表 1.3　　**水准路线测量计算表**

日期：　　班级：　　组别：　　姓名：　　学号：

点号	测站数 n	实测高差 h' (m)	高差改正数 v (m)	改正后高差 h (m)	高程 H (m)	备注
1	2	3	4	5	6	7
$\sum$						

实训场地布置示意图：

学生总结栏：

教师评阅栏：

实训任务 1.3 水准仪的检验

实训目标:

(1)了解水准仪各轴线间应满足的几何条件;

(2)基本掌握水准仪的检验。

实训内容:

微倾式水准仪的检验。

实训条件:

(1)在长约 80m 较开阔的场地选 A、B 两点;

(2)准备好相关的参考资料和记录表格。

仪器设备及精度技术指标:

每小组配备水准仪 1 套(DS_3),水准尺 2 根,尺垫 2 个,记录板 1 个,伞 1 把。

实训程序:

1. 圆水准器轴应平行于仪器竖轴的检验

转动三个脚螺旋使圆水准器气泡居中,然后将水准仪望远镜旋转 180°,若气泡仍然居中,说明此条件已满足;若气泡不居中,则说明此项条件不满足,必须进行校正。

2. 十字丝横丝应垂直于仪器竖轴的检验

整平仪器,用望远镜中十字丝横丝的一端与远处同仪器等高的一个明显点状目标相重合,拧紧制动螺旋。

转动微动螺旋,若目标从横丝的一端至另一端始终在横丝上移动,说明此项条件已经满足;若目标偏离横丝,则说明此项条件不满足,须进行校正。

3. 水准管轴应平行于视准轴的检验

(1)求出正确高差。如图 1.1(a)所示,在平坦的地面上选择相距约 80m 的 A、B 两点,放置尺垫或打木桩。在 A、B 的中点 C 上安置水准仪,用双仪高法测出 A、B 两点间高差 h_{AB}(两次高差之差不超过±5mm,取其平均值)。由图 1.1(a)可以看出

$$h_{AB} = (a_1 - x) - (b_1 - x) = a_1 - b_1$$

因为仪器到两尺的距离相等,即使水准管轴与视准轴不完全平行,对读数产生的误差 x 相等,在计算高差时相互抵消,测出的高差 h_{AB} 就是正确高差。

(2)计算正确的前视读数,并判断条件是否满足。如图 1.1(b)所示,把水准仪搬到离 A 点约 3m 处,精确调平后读得 A 尺上的读数为 a_2,因为仪器离 A 点很近,i 角引起的读数误差很小,可忽略不计,即认为 a_2 读数正确。由 a_2 和高差 h_{AB} 就可计算出 B 点标尺上水平视线的读数 b_2,即

$$b_2 = a_2 - h_{AB}$$

然后,转动仪器照准 B 点标尺,精确调平后读取水准标尺读数为 b'_2。如果 $b_2 = b'_2$,说明两轴平行;否则,两轴不平行而存在 i 角,其值为

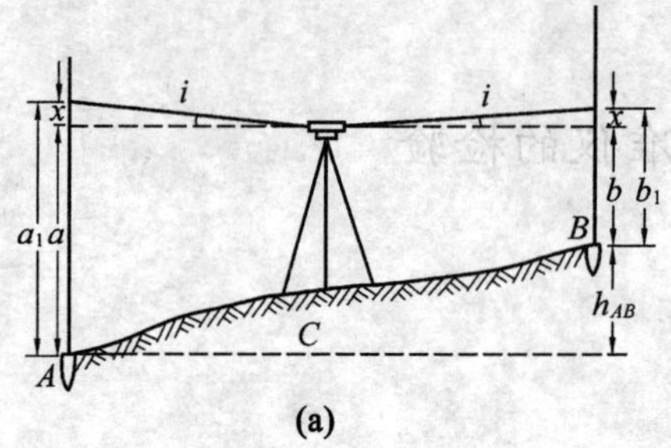

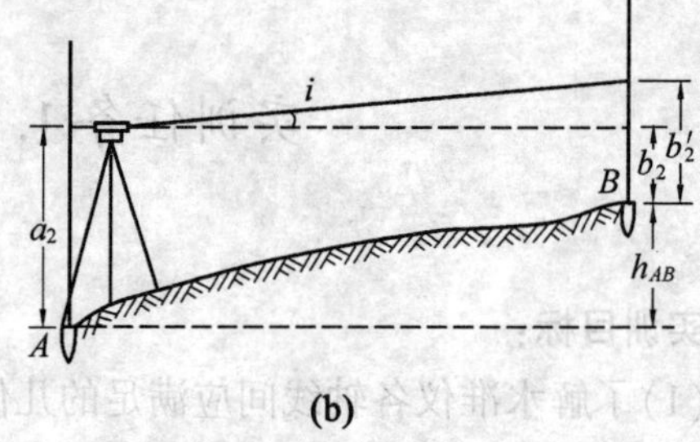

图 1.1

$$i=\frac{b'_2-b_2}{D_{AB}}$$

式中，D_{AB}——A、B 两点间的距离。

测量规范规定，当 DS_3水准仪 i 角绝对值大于 20″时，需要进行校正。

实训注意事项：

(1)水准仪检验与校正的过程要按顺序进行，不可颠倒；

(2)对于指导教师要求只检验不校正的项目，严禁学生自行校正，以免损伤仪器。

实训报告：

实训表格：

表 1.4　　圆水准器轴应平行于仪器竖轴的检验

检验次数	气泡偏移量(mm)	是否需要校正

表 1.5　　十字丝横丝应垂直于仪器竖轴的检验

检验次数	偏差是否明显	是否需要校正

表 1.6 **水准管轴应平行于视准轴的检验**

<table>
<tr><th colspan="5">仪器在 A、B 两点中间求正确高差 h_{AB}</th></tr>
<tr><td colspan="3">水准尺读数</td><td>高差(m)</td><td>平均高差(m)</td></tr>
<tr><td rowspan="2">第一次</td><td>a</td><td></td><td rowspan="2">h_1 =</td><td rowspan="4">$h_{AB} = (h_1 + h_2)/2$</td></tr>
<tr><td>b</td><td></td></tr>
<tr><td rowspan="2">第二次</td><td>a</td><td></td><td rowspan="2">h_2 =</td></tr>
<tr><td>b</td><td></td></tr>
</table>

<table>
<tr><th colspan="6">仪器在 A 点附近求 i 角值</th></tr>
<tr><td>次数</td><td>A 点读数 a_2 (m)</td><td>正确前视读数 b_2 (m)</td><td>前视读数 b'_2 (m)</td><td>i 角值(″)</td><td>是否需要校正</td></tr>
<tr><td>1</td><td></td><td></td><td></td><td></td><td></td></tr>
<tr><td>2</td><td></td><td></td><td></td><td></td><td></td></tr>
<tr><td>3</td><td></td><td></td><td></td><td></td><td></td></tr>
<tr><td>平均</td><td></td><td></td><td></td><td></td><td></td></tr>
</table>

实训场地布置示意图：

学生总结栏：

教师评阅栏：

实训项目二 角度测量

实训任务 2.1 经纬仪的认识与使用

实训目标：

了解经纬仪的一般构造；掌握经纬仪的对中、整平、照准和读数的方法；熟练掌握采用测回法测量水平角。

实训内容：

(1)认识经纬仪；

(2)经纬仪的基本操作；

(3)采用测回法测量水平角。

实训条件：

(1)在室内或室外较开阔场地选 A、B、C 三点；

(2)准备好相关的参考资料和记录表格。

仪器设备及精度技术指标：

每小组配备经纬仪 1 套，测钎 2 根，记录板 1 个，伞 1 把。

实训程序：

(1)在指定点位上安置经纬仪并熟悉仪器各部件的名称和作用。

(2)经纬仪的操作：

①对中及整平(利用光学对点器)：将三脚架打开，使其高度适当，架头大致水平，并使架头大致位于点标志的竖直上方，踩紧三脚架，将仪器固连在三脚架上。调整光学对点器目镜，使对点器中的对中标志清晰(十字丝或小圆圈)，再调整光学对点器物镜，使地面成像清晰。调整脚螺旋，使对中标志与地面点标志重合。利用三脚架三个架腿的伸缩使圆水准器的气泡居中，再用脚螺旋精平仪器(转动照准部，使水准管平行于任意一对脚螺旋，同时相对旋转这两个脚螺旋，使水准管气泡居中；将照准部绕竖轴转动 90°，再转动第三只脚螺旋，使气泡居中)。从光学对点器中观察，检查对中标志是否仍与地面点标志重合，如有小的偏离，稍松连接螺旋，在架头上平移仪器，使两标志重合，再用脚螺旋精平仪器。然后再检查对中，如此反复，直至对中整平都符合要求。

②瞄准：用望远镜上的照门和准星瞄准目标，使目标位于视场内，旋紧望远镜和照准部的制动螺旋；转动望远镜的目镜螺旋，使十字丝清晰；转动物镜调焦螺旋，使目标影像

清晰；转动望远镜和照准部的微动螺旋，使目标被十字丝的纵丝单丝平分，或被双根纵丝夹在中央。

③读数：调节反光镜的位置，使读数窗亮度适当；旋转读数显微镜的目镜套，使度盘及分微尺的刻划清晰；读取度盘刻划线位于分微尺所注记的度数，从分微尺上该刻划线所在位置的分数估读至0.1′(即6″的倍数)。

(3)一测回水平角观测：

①盘左：瞄准左目标A，置数(设共测n个测回，则第i个测回的度盘位置为略大于$(i-1)\times180°/n$)并且读数，读数记为a_1；顺时针方向转动照准部，瞄准右目标B，进行读数，读数记为b_1；计算上半测回角值$\beta_{左}=b_1-a_1$。

②盘右：瞄准右目标B，进行读数，记为b_2；逆时针方向转动照准部，瞄准左目标A，进行读数，记为a_2；计算下半测回角值$\beta_{右}=b_2-a_2$。

(4)记录与计算：观测者读取读数时，记录员复诵记入表中相应栏内，测完左、右目标读数可计算出半测回角值；检查上、下半测回角值互差是否超限，计算一测回角值$\beta=(\beta_{左}+\beta_{右})/2$；测站观测完毕后，当即检查各测回角值互差是否超限，计算平均角值。

实训注意事项：

(1)瞄准目标时，尽可能瞄准其底部，以减少目标倾斜引起的误差。

(2)同一测回观测时，切勿转动度盘变换手轮，以免发生错误。

(3)一测回观测过程中若发现气泡偏移超过一格时，应重新整平重测该测回，其间不能整平。

(4)计算半测回角值时，当左目标读数a大于右目标读数b时，则应加360°。

(5)限差要求为：对中误差小于3mm；上、下半测回角值互差不超过±40″，超限重测该测回；各测回角值互差不超过±24″，超限重测该测站。

(6)实验结束时每人上交“测回法观测手簿”一份(表2.1)。

实训报告：

实训记录计算表格：

表 2.1　　**测回法观测手簿**

日期：　班级：　组别：　姓名：　学号：

测站	盘位	目标	水平度盘读数 (° ′ ″)	半测回角值 (° ′ ″)	一测回角值 (° ′ ″)	各测回平均角值 (° ′ ″)	备注
B(第一测回)	左	*A*					
		C					
	右	*C*					
		A					
B(第二测回)	左	*A*					
		C					
	右	*C*					
		A					
A(第一测回)	左	*C*					
		B					
	右	*B*					
		C					
A(第二测回)	左	*C*					
		B					
	右	*B*					
		C					
C(第一测回)	左	*B*					
		A					
	右	*A*					
		B					
C(第二测回)	左	*B*					
		A					
	右	*A*					
		B					

续表

测站	盘位	目标	水平度盘读数 (° ′ ″)	半测回角值 (° ′ ″)	一测回角值 (° ′ ″)	各测回平均角值 (° ′ ″)	备注
	左						
	右						
	左						
	右						
	左						
	右						
	左						
	右						
	左						
	右						

实训场地布置示意图：

学生总结栏：

教师评阅栏：

实训任务2.2　方向法观测水平角

实训目标：

(1)掌握方向法观测水平角的操作顺序及记录、计算方法。

(2)弄清归零、归零差、归零方向值、2c变化值的概念以及各项限差的规定。

实训内容：

方向法观测水平角的外业以及内业计算处理。

实训条件：

(1)在室外通视良好的场地 O 点安置仪器，在测站点 O 周围确定3个以上目标；

(2)准备好相关的参考资料和记录表格。

仪器设备及精度技术指标：

每小组配备经纬仪1套、测钎适量(和目标点数量一致)、记录板一个、伞一把。

实训程序：

(1)安置仪器：对中、整平。

(2)盘左：瞄准起始方向目标读数，顺时针方向依次瞄准各方向目标读数，转回至起始方向仍瞄准目标读数。检查归零差是否超限。

(3)盘右：瞄准起始方向目标读数，逆时针方向依次瞄准各方向目标读数，转回至起始方向仍瞄准目标读数。检查归零差是否起限。

(4)计算：同一方向两倍视准误差2c=盘左读数-(盘右读数±180°)；各方向的平均读数=[盘左读数+(盘右读数±180°)]；归零后的方向值。

(5)测完各测回后，计算各测回同一方向的平均值，并检查同一方向值各测回互差是否超限。

实训注意事项：

(1)应选择远近适中、易于瞄准的清晰目标作为起始方向。如果方向数只有3个时，可以不归零。

(2)限差规定为：半测回归零差±18″，同一方向值各测回互差±24″。超限应重测。

(3)实验结束时每人上交“方向法观测水平角记录”表一份(表2.2)。

实训报告：

实训记录计算表格：

表 2.2　　**方向观测法记录与计算手簿**

日期：　　　　班级：　　　　组别：　　　　姓名：　　　　学号：

测站	测回数	目标	水平度盘读数		2C=左−（右±180°）	平均读数=［左+（右±180°）］/2	归零后方向值	各测回归零方向值的平均值
			盘左	盘右				
			° ′ ″	° ′ ″	″	° ′ ″	° ′ ″	° ′ ″
1	2	3	4	5	6	7	8	9

实训场地布置示意图：

学生总结栏：

教师评阅栏：

实训任务2.3 竖直角测量

实训目标：

(1)掌握竖直角观测、记录及计算。

(2)熟悉竖盘指标差的计算。

实训内容：

竖直角的观测与计算。

实训条件：

在场地周围至少选择3个目标，其竖直角大于+25°或小于-25°。

仪器设备及精度技术指标：

每小组配备经纬仪1套，记录板1个，校正针1根，伞1把。

实训程序：

(1)在指定地点安置经纬仪，并进行对中、整平。转动望远镜，观察竖盘读数的变化规律。写出垂直角及竖盘指标差的计算公式。

(2)盘左：瞄准目标，用十字丝中横丝切于目标某一部位(如花杆顶端)；转动竖盘指标水准管微动螺旋，使指标水准管气泡居中；读取竖盘读数，计算竖直角值。

(3)盘右：同法观测、记录和计算。

(4)计算一测回竖盘指标差及上、下半测回竖直角的平均值。检查各测回指标差互差及垂直角值的互差是否超限，计算同一目标各测回垂直角的平均值。

实训注意事项：

(1)观测过程中，对同一目标应用十字丝横丝切准同一部位。每次读数前应使竖盘指标水准管气泡居中。计算垂直角和指标差时，就注意正、负号。

(2)限差要求为：指标差互差在±25″之内；同一目标各测回垂直角互差在±25″之内。超限应重测。

(3)实验结束时每人上交“竖直角观测记录”表一份(表2.3)。

实训报告：

实训表格：

表 2.3 竖直角观测手簿

日期：　　　　班级：　　　　组别：　　　　姓名：　　　　学号：

测站	目标	盘位	竖直盘读数	半测回竖直角 (° ′ ″)	竖盘指标差 (″)	一测回竖直角 (° ′ ″)	备注
		左					
		右					
		左					
		右					
		左					
		右					
		左					
		右					
		左					
		右					
		左					
		右					
		左					
		右					
		左					
		右					

实训场地布置示意图：

学生总结栏：

教师评阅栏：

实训任务 2.4　经纬仪的检验

实训目标：

(1)了解经纬仪各轴线间应满足的几何条件；

(2)掌握经纬仪的检验。

实训内容：

光学经纬仪的检验。

实训条件：

1. 在两侧都有建筑物、长约 100m 左右的场地，并且建筑物要有一定的高度；

2. 准备好相关的参考资料和记录表格。

仪器设备及精度技术指标：

每小组配备经纬仪 1 套，测钎 2 根，记录板 1 个，伞 1 把。

实训程序：

1. 照准部水准管轴应垂直于仪器竖轴的检验

将仪器大致整平，使水准管平行于任意两个脚螺旋的连线，然后转动这两个脚螺旋，使水准管气泡居中。

将照准部转动 180°，若气泡仍然居中，则说明该条件已经满足，否则必须校正。

2. 十字丝纵丝应垂直于横轴的检验

整平仪器，离仪器 10m 远处设一明显点状标志，使十字丝纵丝与标志重合，上下转动望远镜微动螺旋，如十字丝纵丝不离开标志，说明此项条件已满足，否则必须校正。

3. 视准轴应垂直于横轴的检验与校正

方法一：整平仪器，盘左位置照准远处与仪器同高的一目标，读取水平度盘读数为 $\alpha_{左}$。纵转望远镜，使仪器为盘右位置，仍照准原目标，读取水平度盘读数为 $\alpha_{右}$。

如 $\alpha_{左}$读数与 $\alpha_{右}$读数相差 180°，即满足此项条件，若差值超过 1′，则须进行校正。

方法二：在平坦地面上选相距 80~100m 的 A、B 两点，在 A、B 两点的中点 O 上安置经纬仪，在 A 点设置一标志，B 点与仪器同高处横放一带毫米分划的尺子。盘左照准 A 点，纵转望远镜在 B 点尺子上读数为 B_1。然后，盘右照准 A 点，纵转望远镜在 B 点尺子上读数为 B_2，若 $B_1=B_2$，即两点重合，说明此项条件满足；若 B_1、B_2差值大于 5mm，则需要校正。

4. 横轴应垂直于竖轴的检验

整平仪器，盘左位置照准离仪器 10m 左右的墙上高处一点 A。

固定照准部，下转望远镜到大致水平位置，在墙上定出十字丝交点的位置 a_1点。

纵转望远镜，成盘右位置，再照准高处 A 点，固定照准部，下转望远镜到大致水平位置，若十字丝交点与 a_1重合，即满足此项条件，如十字丝交点与 a_1不重合，在墙上可标出 a_2点，此时，必须校正。

5. 竖直度盘的指标差应接近于零的检验

整平仪器，用盘左与盘右照准同一目标，旋紧竖直度盘水准管微动螺旋，使气泡居中，读出盘左与盘右的读数。

计算指标差，若指标差 x 大于 1′，则进行校正。

6. 光学对中器的检验

整平仪器，将光学对中器的刻划圈中心在地面上标定出来。

旋转照准部 180°，若地面点的影像仍与刻划圈中心重合，表明条件满足；否则，需校正。

实训注意事项：

(1)经纬仪检验与校正的过程要按顺序进行，不能颠倒。

(2)对于指导教师要求只检验不校正的项目，严禁学生自行校正，以免损伤仪器。

(3)实验结束时每人上交“经纬仪的检验”表一份(表 2.4)。

实训报告：

实训表格：

表 2.4　　**经纬仪的检验**

一般检验记录

检验项目	检验结果
三脚架是否牢固	
脚螺旋是否有效	
水平制动螺旋与微动螺旋是否有效	
望远镜制动螺旋与微动螺旋是否有效	
照准部转动是否灵活	
望远镜转动是否灵活	
望远镜成像是否清晰	

照准部水准管轴应垂直于仪器竖轴的检验

检验项目	检验结果	
	第一次	第二次
校正前水准管气泡偏离量		

十字丝纵丝应垂直于横轴的检验

检验项目	检验结果
校正前十字丝纵丝偏移情况	

续表

视准轴应垂直于横轴的检验

方法一

	项目	第一次	第二次
校正前	$\alpha_{左}$		
	$\alpha_{右}$		
	$\alpha_{中}=\dfrac{\alpha_{左}+(\alpha_{右}\pm 180°)}{2}$		
视准轴误差 $c=\left[\alpha_{左}-(\alpha_{右}\pm 180°)\right]\times \rho/D$			

方法二

	项目	第一次	第二次
横尺读数	盘左 B_1		
	盘右 B_2		
	$(B_2-B_1)/4$		
	$B_3=B_2-(B_2-B_1)/4$		

横轴应垂直于竖轴的检验

项目	第一次	第二次
a_1、a_2 距离		

竖直度盘的指标差应接近于零的检验

项目	第一次	第二次
盘左竖盘读数 L		
盘右竖盘读数 R		
指标差 X		

实训场地布置示意图：

学生总结栏：

教师评阅栏：

实训项目三　距离测量

实训任务 3.1　一般钢尺量距

实训目标：

熟悉钢尺量具常用的工具，掌握钢尺量距的一般方法。

实训内容：

一般钢尺量距的过程与成果计算。

实训条件：

选择 70m 左右较为平坦的地面作为丈量场地。

仪器设备及精度技术指标：

30m(或 50m)钢尺 1 把，标杆 3 根，测钎 4 根，斧子 1 把，记录板 1 个，木桩 2 个，小钉若干个。

实训程序：

(1)在所量线段两端 A、B 两点上打下木桩，木桩上钉上小钉(或画十字)作为起讫点，并各立一标杆。

(2)后尺手执尺零端将零刻划线对准 A 点，前尺手沿 AB 方向前进，行至一尺段处停下，由后尺手定向，左右移动，拉紧钢尺在整尺注记处插下测钎，该段量距完毕。如此丈量完其他整尺和零尺段距离，同法由 B 到 A 量距，得到 $D_{往}$、$D_{返}$丈量结果，计算其平均值 $D=\frac{1}{2}(\mathrm{D}_{往}+\mathrm{D}_{返})$ 及相对误差。往返量距时丈量者和记录者交换。

技术规范：

距离往、返丈量，相对精度不低于 $\frac{1}{3000}$。

实训注意事项：

(1)爱护钢尺，勿扭卷、受压及沿地面拖拉，用毕擦净涂油。

(2)测钎插值，若地面坚硬，可在地上画上记号，记清整尺段数。

(3)在行人和车辆较多的地区量距时，中间要有专人保护，以防止钢尺被车辆碾压而折断。

实训报告：

实训记录计算表格：

表 3.1　**距离丈量**

日期：　　　班级：　　　组别：　　　姓名：　　　学号：

距离丈量手簿

线段名称	观测次数	整尺段数 n	零尺段长度 l'	线段长度 $D' = n \cdot l + l'$ (m)	平均长度 $D(m)$	精度 K	备注

实训场地布置示意图：

学生总结栏：

教师评阅栏：

实训任务3.2　精密钢尺量距

实训目标：

掌握精密钢尺量距方法和成果计算。

实训内容：

经纬仪定线，精密钢尺量距的过程及所需进行的3项改正计算。

实训条件：

选50~70m较为平坦的地面作为丈量场地。

仪器设备及精度技术指标：

经纬仪1套，水准仪1套，水准尺1根，检定过的钢尺1把，弹簧秤1个，温度计1个，记录板1个，斧头1把，木桩5个，小钉若干，伞1把。

实训程序：

(1)在所量线段两端定 A、B 两点。

(2)安置经纬仪于 A 点，瞄准 B 点，在 AB 上投一条直线，在该直线上以略短于一整尺长的位置定 1，2，…各点；钉木桩、桩顶画十字，在十字中心处钉小钉。

(3)用水准仪测定各桩顶间的高差，记入手簿。

(4)将弹簧秤挂在尺的零端，采用标准拉力(30m 钢尺为 100N，50m 钢尺为 150N)量距，先读毫米，估读到 0.5mm，然后再读厘米、分米、米。两端读数相减，即为该段尺长。

(5)每尺段丈量三次，距离之差在±3mm 范围内，否则重量。取三次结果的平均值作为此段结果，同时读记温度一次。

(6)同法测量其他尺段。往量完成后，立即进行返量。以上读数，记录员立即复诵并将读数记入手簿。

(7)成果计算。计算按下列公式进行

$$\Delta L_d = \frac{\Delta L}{L_0} L$$

$$\Delta L_t = \alpha(t - t_0) L$$

$$\Delta L_h = -\frac{h^2}{2L}$$

$$D = L + \Delta L_d + \Delta L_t + \Delta L_h$$

计算出改正后尺长后，计算线段 AB 总长、平均长度及精度，记入手簿。

技术规范：

往、返丈量相对精度不低于 $\frac{1}{10\ 000}$。

实训注意事项：

钢尺量距的原理简单，但在操作上容易出错，要做到三清：

零点看清——尺子零点不一定在尺端，有些尺子零点前还有一段分划，必须看清；读数认清——尺上读数要认清 m，dm，cm 的注字和 mm 的分划数；

尺段记清——尺段较多时，容易发生少记尺段的错误。

实训报告：

实训记录计算表格：

表 3.2 **钢尺精密量距**

日期： 班级： 组别： 姓名： 学号：

钢尺精密量距手簿

线段名称	实量次数	前尺读数（m）	后尺读数（m）	尺段长度（m）	温度（℃）	高差（m）	温度改正数 ΔL_t（mm）	尺长改正数 ΔL_d（mm）	倾斜改正数 ΔL_h（mm）	改正后尺段长 D（m）
A—1	1									
	2									
	3									
	平均									
1—2	1									
	2									
	3									
	平均									
2—3	1									
	2									
	3									
	平均									
4—B	1									
	2									
	3									
	平均									
总和										

实训场地布置示意图：

学生总结栏：

教师评阅栏：

实训项目四　全站仪的认识与使用

实训任务 4.1　全站仪测角与测距

实训目标：

通过操作一台特定品牌、型号的全站仪，对全站仪的构造及基本测量功能形成一个总体认识。

实训内容：

首先要熟悉全站仪各部件的功能，然后练习水平角、竖直角观测和距离测量的操作方法。

实训条件：

(1)在进行实训以前，需要事先布置好场地，做好测角与量距的准备。

(2)准备好相关资料，比如：仪器的操作说明书，记录纸等。

仪器设备：

以小组为单位领取全站仪 1 台；以班级为单位领取单棱镜、三棱镜各一套。

实训程序：

(1)准备：在仪器操作大厅现场播放全站仪的构造和操作课件，或由指导老师结合实物现场讲解全站仪的构造及各部件功能；由指导老师讲解师范全站仪角度和距离测量的操作方法。

(2)实施：学生分组认识全站仪的构造及熟悉全站仪各部件的功能，练习全站仪角度和距离测量的操作方法。

(3)检查：操作过程中小组同学之间可以互相检查，指导老师也可以抽查。

(4)评价：操作结束之前，指导老师分别抽查一个小组进行现场评价，并与学生互动提问。

实训注意事项：

(1)注意全站仪 HR/HL 转换功能的区别。

(2)注意利用觇牌对目标进行照准。

(3)注意全站仪操作过程中，温度、气压和棱镜常数的设置。

实训报告：

实训记录计算表格：

表 4.1　**水平角观测记录表**

日期：　　　班级：　　　组别：　　　姓名：　　　学号：

测站	测回数	盘位	目标	水平度盘数 (°　′　″)	半测回水平角值 (°　′　″)	一测回水平角值 (°　′　″)	二测回水平角值 (°　′　″)
		左		0 00 00			
		右					
		左		90 00 00			
		右					
		左		0 00 00			
		右					
		左		90 00 00			
		右					

表 4.2 **竖直角观测记录表**

日期： 班级： 组别： 姓名： 学号：

测站	目标	盘位	竖直盘读数	半测回竖直角 (° ′ ″)	竖盘指标差 (″)	一测回竖直角 (° ′ ″)	备注
		左					
		右					
		左					
		右					
		左					
		右					
		左					
		右					
		左					
		右					
		左					
		右					
		左					
		右					
		左					
		右					

实训场地布置示意图：

学生总结栏：

教师评阅栏：

实训任务4.2　全站仪三角高程测量

实训目标:

能够清晰地描述全站仪三角高程测量的操作思路，并完成相应的操作和计算工作。

实训内容:

熟悉全站仪三角高程测量的操作思路后对两个已知高程点进行全站仪三角高程测量。

实训条件:

(1)准备好实训场地，最好地形有起伏的。

(2)准备好仪器以及相关的参考资料。

仪器设备:

以小组为单位领取全站仪1台，棱镜1套，小钢尺1把。

实训程序:

(1)在实训场地内布设两个相互通视的点，并获取其准确高差值。

(2)教师知道学生量取仪器高和棱镜高，学生分组进行三角高程测量(对向观测)并计算高差平均值。

(3)比较分析已知高差与三角高程测量单向观测高差及已知高差与对向观测平均高差的差异。

技术规范:

(1)电磁波测距三角高程测量的主要技术要求见表4.3。

表4.3　**电磁波测距三角高程测量的主要技术要求**

等级	每km高差全中误差(mm)	边长(km)	观测方式	对向观测高差较差(mm)	附合或环形闭合差(mm)
四等	10	≤1	对向观测	$40\sqrt{D}$	$20\sqrt{\sum D}$
五等	15	≤1	对向观测	$60\sqrt{D}$	$30\sqrt{\sum D}$

(2)电磁波测距三角高程观测的主要技术要求见表 4.4。

表 4.4　**电磁波测距三角高程观测的主要技术要求**

等级	竖直角观测				边长测量	
	仪器精度等级	测回数	指标差较差	测回较差	仪器精度等级	观测次数
四等	2s 级仪器	3	≤7s	≤7s	10mm 级仪器	往返各一次
五等	2s 级仪器	2	≤10s	≤10s	10mm 级仪器	往一次

实训注意事项：

(1)注意仪器的标称精度是否满足规范要求。

(2)注意返测时是否重新设置了仪器的温度和气压值。

实训报告：

实训记录计算表格：

表 4.5　**全站仪三角高程测量计算表**

日期：　　班级：　　组别：　　姓名：　　学号：

起算点	A			
待定点	B			
往返测	往	返	往	返
斜距 S	593.391	593.400		
竖直角 α	11-32-49	11-33-06		
$S\sin\alpha$	118.780	−118.780		
仪器高 i	1.440	1.491		
觇标高 v	1.502	1.400		
两差改正 f	0.022	0.022		
单向高差 h	+118.740	−118.716		
往返平均高差 $\bar{h}$	+118.728			

实训场地布置示意图：

学生总结栏：

教师评阅栏：

实训任务 4.3　全站仪坐标测量与放样

实训目标:

能够清晰地描述全站仪坐标测量与放样的操作思路，并系统地完成相应的操作过程。

实训内容:

首先熟悉全站仪坐标测量与放样的操作思路，然后进行操作练习，还应配合数据的录入、调用练习。

实训条件:

(1)选好实训场地，定好测量点。

(2)准备好相关的参考资料与手册。

仪器设备:

以小组为单位领取全站仪 1 台，棱镜 2 套(分别配合三脚架和对中杆使用)，小钢尺 1 把。

实训程序:

(1)在实训场地内选择两个已知点，一个点作为测站点，另一个点作为后视定向点。

(2)教师指导学生完成建站和定向工作并提供放样数据后，学生分组进行全站仪放样测量，可放样三个点，构成三角形，通过实测三角形边长与计算边长比较分析放样精度。

(3)完成放样工作后，再对已放样点进行坐标测量，并分析比较坐标数据。

实训注意事项:

(1)是否进行了后视检查。

(2)放样结束后，是否进行了放样精度检查。

实训报告:

实训任务表格:

表 4.6　**全站仪坐标测量记录表**

仪器型号:　　仪器高:　　棱镜高:

测站点: $X=$　　$Y=$　　$H=$

定向点: $X=$　　$Y=$

日期:　　班级:　　组别:　　姓名:　　学号:

序号	觇点	坐标(m)			备注(点位、类型等)
		N(X)	E(Y)	Z(H)	
1					
2					
3					
4					
5					
6					

表 4.7 **全站仪坐标放样数据表**

仪器型号： 仪器高： 棱镜高：

测站点：X= Y= H=

定向点：X= Y=

日期： 班级： 组别： 姓名： 学号：

序号	坐标(m)			方位角值	水平距离(m)	备注(点位、类型等)
	N(X)	E(Y)	Z(H)			
1						
2						
3						
4						
5						
6						

实训场地布置示意图：

学生总结栏：

教师评阅栏：

实训项目五 GPS的认识与使用

实训任务 5.1 静态 GPS 的认识与使用

实训目的：

熟练掌握 GPS 接收机的使用方法，GPS 网的布设方案，掌握 GPS 作业计划的制定，熟悉 GPS 静态定位外业的全过程，掌握 GPS 静态数据处理的基本知识。

实训内容：

(1) GPS 接收机的操作方法。

(2) GPS 静态定位的外业工作过程。

(3) GPS 静态数据处理。

实训条件：

(1) 在室外能满足 D 级网的 GPS 静态定位测区。

(2) 需利用国家等级点 2 个(据实际情况而定)，等级点必须有西安 1980 坐标系坐标或 1954 北京坐标系坐标，作为本次实习 GPS 控制网的起算数据。如无已知的国家高等级三角点，则采用测区中任意两点的独立坐标作为本次实习 GPS 控制网的起算数据，独立坐标系可选用已建成的地方独立坐标系，也可在实习时自己建立。

(3) 准备好仪器以及相关的参考资料。

仪器设备：

每组借领 GPS 接收机 1 台套，内含 GPS 接收机 1 台、电池 1 块、三脚架 1 个、基座1 个。

实训程序：

(1) 根据测区情况，布设 10 个 GPS 控制点，要求符合 GPS 选点要求，绘制 GPS 控制网网图，各组协同制定各自的外业工作调度表。

(2) 用 GPS 静态相对定位模式实测一个 D 级网，要求采用三台 GPS 接收机按边连式实测，观测时间根据 D 级网等级而定；(每三个组完成一个 D 级 GPS 网外业观测)。

(3) GPS 静态数据处理：数据传输—数据预处理—基线解算—三维无约束平差—二维约束平差。

技术规范：

表 5.1 **D 级 GPS 测量作业的基本技术要求**

观测方法	卫星高度角	有效观测卫星数	平均重复设站数	几何图形强度 PDOP 值	时段长(min)	数据采样间隔(S)
静态	≥15°	≥4	≥1.6	<10	≥60	10 或 15

注：实际观测中，有效观测卫星数一般大于 4 颗，PDOP 值一般小于 10。

实训注意事项：

(1)观测组严格按调度表规定的时间进行作业，保证同步观测同一卫星组。

(2)每时段开机前，作业员要量取天线高，并及时输入测站名、年月日、时段号、天线高等信息。关机后再量取一次天线高作校核，两次量天线高互差不得大于3mm，取平均值作为最后结果，记录在手簿中。若互差超限，应查明原因，提出处理意见记入测量手簿备注栏中。

(3)仪器工作正常后，作业员及时逐项填写测量手簿中各项内容。当时段观测时间超过60min以上，应每隔30min记录一次。

(4)一个时段观测过程中不得进行以下操作：关闭接收机又重新启动；进行自测试(发现故障除外)；改变卫星高度角；改变数据采样间隔；改变天线位置；按动关闭文件和删除文件等功能键。

(5)观测员在作业期间不得擅自离开测站，并应防止仪器受震动和被移动，防止人和其他物体靠近天线，遮挡卫星信号。

(6)每日观测结束后，应及时将数据转存至计算机硬、软盘上，确保观测数据不丢失。

实训报告：

(1)GPS作业调度见表5.2。

表5.2 **GPS作业调度表**

日期： 班级： 组别： 姓名： 学号：

时段编号	观测时间	测站号/名 机号	测站号/名 机号	测站号/名 机号	测站号/名 机号
1					
2					
3					
4					
5					
6					
7					

(2)基线取舍资料及基线分布图(每个小组一份，手绘或打印)。

(3)GPS控制点的坐标成果(每个小组一份，打印)：

①WGS-84坐标系坐标；

②坐标转换后应提交以下三种坐标系统中的一种坐标：1980西安坐标系坐标，或1954北京坐标系坐标，或测区独立坐标系坐标。

(4)1∶1万GPS控制点展点图(GIS软件绘图或CAD绘图，每个小组一份，打印)。

实训场地布置示意图：

学生总结栏：

教师评阅栏：

实训任务 5.2 RTK 的认识与使用

实训目的：

熟练掌握 GPS-RTK 的测量技术。

实训内容：

(1)基准站和流动站设置。

(2)进行 GPS-RTK 测量。

实训条件：

(1)室外较开阔场地。

(2)准备好相关的参考资料。

仪器设备：

每组借领 GPS-RTK 1 台套，包括 1 台主机、1 台流动站和 1 台电台。

实训程序：

(1)设置基准站和流动站。

①在选定的已知点上架设基准站主机；

②基准站主机电缆安装；

③架设基准站电台天线；

④天线电缆线安装；

⑤基准站电台安装；

⑥安装电池组；

⑦在选定的待测点上架设流动站。

(2)进行 GPS-RTK 测量。

①基准站主机开机，打开电台；

②开始测量；

③流动站开机，利用手簿进行该点的数据采集；

④测量完成后关机，记录关机时间；

⑤数据下载并进行数据处理。

实训注意事项：

(1)基准站主机架设在基座上并将主机固定在三脚架上，进行对中、整平，此时设置的高度截止角应不得小于 15°。

(2)开机过程严格按照操作规程进行；开机成功，各指示灯切换到正常显示状态。

实训报告：

数据处理成果成图：

实训场地布置示意图：

学生总结栏：

教师评阅栏：

综合实训项目一　小地区控制测量

综合实训任务 1.1　平面控制测量

实训目标：

掌握经纬仪图根导线的测量方法和全站仪一、二级导线的测量方法。

实训内容：

(1)导线外业实施方法；

(2)导线内业计算方法；

(3)控制测量成果提交。

实训条件：

(1)在室外较开阔场地选若干个点；

(2)准备好相关的参考资料和记录表格。

仪器设备及精度技术指标：

经纬仪导线：每组配备经纬仪 1 套，30m(或 50m)钢尺一把，测钎 2 根，记录板 1 个，伞 1 把。

光电测距导线：每小组配备全站仪 1 套(2″级)，棱镜、对中杆、对中杆支架各 1 根，记录板 1 个，伞 1 把。

实训程序：

1. 经纬仪、全站仪的安置

在已知的导线点上架设三脚架，高度适中，架头大致水平，用连接螺旋将仪器固定在三脚架上。

2. 对中

打开三脚架，使架头大致水平，大致对中，安放仪器，拧紧中心螺旋。转动光学对中器目镜调焦螺旋，使对中器分划板清晰，调节对中器的镜管，使地面标志点影像清晰。移动脚螺旋，使地面标志点对准对中器分划板中心，再利用伸缩三角架架腿概略整平使圆水准器气泡居中，再转动脚螺旋，使照准部水准管气泡居中。

3. 整平

任选一对脚螺旋，在其连线的方向上调整这两个脚螺旋，使圆水准器气泡居于连线方向的中间，再转动另一脚螺旋，使气泡居于圆水准器的中央，这项操作反复进行两三次，直到仪器转到任何方向时，气泡都处在居中位置为止。

4. 瞄准

先调节目镜调焦螺旋，使十字丝清晰。转动仪器，用准星和照门瞄准目标，拧紧制动螺旋。转动物镜调焦螺旋，看清目标，调整水平微动螺旋，使目标成像在十字丝交点处。

5. 记录与计算

观测者读取读数时，记录员复诵记入表中相应栏内，测完后进行测站校核计算，保证每一测站的差值都在误差的允许范围内，否则应重测。

技术规范：

综合实训表 1.1　**导线测量的主要技术要求**

等级	导线长度(km)	平均边长(km)	测角中误差(″)	测距中误差(mm)	测距相对中误差	测回数			方位角闭合差(″)	导线全长相对闭合差
						1″级仪器	2″级仪器	6″级仪器		
三等	14	3	1.8	20	1/150000	6	10	—	$3.6\sqrt{n}$	1/55000
四等	9	1.5	2.5	18	1/80000	4	6	—	$5\sqrt{n}$	1/35000
一级	4	0.5	5	15	1/30000	—	2	4	$10\sqrt{n}$	1/15000
二级	2.4	0.25	8	15	1/14000	—	1	3	$16\sqrt{n}$	1/10000
三级	1.2	0.1	12	15	1/7000	—	1	2	$24\sqrt{n}$	1/5000
图根	1M	不大于测图视距的1.5倍	20	—	1/3000	—	1	1	$40\sqrt{n}$	1/2000

注：(1)表中 n 为测站数；

(2)当测区测图的最大比例尺为 1∶1000 时，一、二、三级导线的平均边长及总长度可适当放长，但最大长度不应大于表中规定长度的 2 倍。

实训注意事项：

1. 在记录前，首先要弄清记录表格的填写顺序与方法，记录要复诵。
2. 转动各螺旋要稳、轻、慢，用力要轻巧、均匀。
3. 瞄准目标时，要瞄准明显部位，读数时，要消除视差。

实训报告：

实训记录计算表格：

综合实训表 1.2 **经纬仪图根导线水平角观测记录表**

日期：　　　班级：　　　组别：　　　姓名：　　　学号：

测站	盘位	目标	水平度盘数 (° ′ ″)	半测回水平角值 (° ′ ″)	一测回水平角值 (° ′ ″)

续表

测站	盘位	目标	水平度盘数 (° ′ ″)	半测回水平角值 (° ′ ″)	一测回水平角值 (° ′ ″)

综合实训表 1.3　　**经纬仪图根导线钢尺量距记录表**

日期：　　班级：　　组别：　　姓名：　　学号：

线段名称	观测次数	整尺段数 n	零尺段长度 l'	线段长度 $D' = n \cdot l + l'$ (m)	平均长度 D(m)	精度 K	备注

综合实训表 1.4　　**经纬仪图根导线坐标计算表**

点号	观测角左角 ° ′ ″	改正后的角值 ° ′ ″	坐标方位角 ° ′ ″	边长（m）	坐标增量计算(m)		改正后的坐标增量(m)		坐标值	
					Δx	Δy	Δx	Δy	x	y
1	2	4	5	6	7	8	9	10	11	12
Σ										
辅助计算										

实训场地布置示意图：

学生总结栏：

教师评阅栏：

综合实训表 1.5　　**全站仪一级导线水平角观测记录表**

日期：　　班级：　　组别：　　姓名：　　学号：

测站	竖盘位置	目标	水平度盘读数	半测回角值	一测回角值	各测回平均角值	备注
			° ′ ″	° ′ ″	° ′ ″	° ′ ″	

续表

测站	竖盘位置	目标	水平度盘读数 ° ′ ″	半测回角值 ° ′ ″	一测回角值 ° ′ ″	各测回平均角值 ° ′ ″	备注

综合实训表 1.6　　**全站仪一级导线距离测量记录表**

日期：　　班级：　　组别：　　姓名：　　学号：

测站	目标	竖盘位置	平距读数	平均读数	备注

续表

测站	目标	竖盘位置	平距读数	平均读数	备注

综合实训表 1.7 **全站仪一级导线坐标计算表**

点号	观测角左角 ° ′ ″	改正后的角值 ° ′ ″	坐标方位角 ° ′ ″	边长（m）	坐标增量计算（m）		改正后的坐标增量（m）		坐标值	
					Δx	Δy	Δx	Δy	x	y
1	2	4	5	6	7	8	9	10	11	12
Σ										
辅助计算										

实训场地布置示意图：

学生总结栏：

教师评阅栏：

综合实训任务 1.2 高程控制测量

实训目标：

掌握三、四等水准测量的观测、记录、计算和检核的方法。

实训内容：

光学水准仪四等水准测量。

实训条件：

(1)准备好实训场地，最好地形有起伏的；

(2)准备好仪器以及相关的参考资料。

仪器设备：

以小组为单位领取水准仪 1 套，水准尺 1 对，尺垫 2 个，记录板 1 个。

观测方法：

1. 四等水准测量

视线长度不超过 100m。每一测站上，按下列顺序进行观测：

(1)后视水准尺的黑面，读下丝、上丝和中丝读数(1)、(2)、(3)；

(2)后视水准尺的红面，读中丝度数(4)；

(3)前视水准尺的黑面，读下丝、上丝和中丝读数(5)、(6)、(7)；

(4)前视水准尺的红面，读中丝度数(8)。

以上的观测顺序称为后—后—前—前，在后视和前视读数时，均先读黑面再读红面，读黑面时读三丝读数，读红面时只读中丝读数。括号内数字为读数顺序。记录和计算格式见综合实训表 1. 10，有中括号内数字表示观测和计算的顺序，同时也说明有关数字在表格内应填写的位置。

2. 三等水准测量

视线长度不超过 75m。观测顺序应为后—前—前—后。即

(1)后视水准尺的黑面，读下丝、上丝和中丝读数；

(2)前视水准尺的黑面，读下丝、上丝和中丝读数；

(3)前视水准尺的红面，读中丝度数；

(4)后视水准尺的红面，读中丝度数。

计算和检核：

计算和检核的内容如下：

(1)视距计算：

后视距离 (9)=(1)-(2)

前视距离　(10)=(5)-(6)

前、后视距在表内均以 m 为单位，即(下丝-上丝)×100

前后视距差(11)=(9)-(10)。对于四等水准测量，前后视距差不得超过 5m；对于三等水准测量，不得超过 3m。

前后视距累积差(12)=本站的(11)+上站的(12)。对四等水准测量，前后视距累积差不得超过 10m；对于三等水准测量，不得超过 6m。

(2)同一水准尺红、黑面读数差的检核　同一水准尺红、黑面读数差为：

$$(13)=(3)+k-(4)$$

$$(14)=(7)+k-(8)$$

k 为水准尺红、黑面常数差，一对水准尺的常数差 k 分别为 4.687 和 4.787。对于四等水准测量，红、黑面读数较差不得超过 3mm；对于三等水准测量，不得超过 2mm。

(3)高差的计算和检核　按黑面读书和红面读数所得的高差分为：

$$(15)=(3)-(7)$$

$$(16)=(4)-(8)$$

黑面和红面所得的高差之差(17)可按下式计算，并可用(13)-(14)来检查。式中±100为两水准尺常数 k 之差。

$$(17)=(15)-(16)\pm 100=(13)-(14)$$

对于四等水准测量，黑、红面高差之差不得超过 5mm；对于三等水准测量，不得超过 3mm。

(4)总的计算和检核。在手簿每页末或每一册段完成后，应做下列检核：

①视距的计算和检核：

$$\text{末站的}(12)=\sum(9)-\sum(10)$$

$$\text{总视距}=\sum(9)+\sum(10)$$

②高差的计算和检核　当测站数为偶数时：

$$\text{总高差}\sum(18)=1/2\left[\sum(15)+\sum(16)\right]$$

当测站数为奇数时：

$$\text{总高差}\sum(18)=1/2\left[\sum(15)+\sum(16)\pm 100\right]$$

技术规范：

(1)各级水准测量主要技术要求见下表

综合实训表 1.8 水准测量的主要技术要求

等级	每公里高差全中误差(mm)	路线长度(km)	水准仪的型号	水准尺	观测次数		往返较差、附合或环线闭合差	
					与已知点联测	附合路线或环线	平地 mm	山地(mm)
二等	2	—	DS_1	铟瓦	往返各一次	往返各一次	$4\sqrt{L}$	—
三等	6	≤50	DS_1	铟瓦	往返各一次	往一次	$12\sqrt{L}$	$4\sqrt{n}$
			DS_3	铟瓦		往返各一次		
四等	10	≤16	DS_3	双面	往返各一次	往一次	$20\sqrt{L}$	$6\sqrt{n}$
五等	15	—	DS_3	单面	往返各一次	往一次	$30\sqrt{L}$	—

综合实训表 1.9 水准观测的主要技术要求

等级	水准尺型号	视线长度(m)	前后视较差(m)	前后视累计差(m)	视线离地面最低高度(m)	基、辅分划或黑红面读数较差(mm)	基、辅分划或黑红面所测高差较差(mm)
二等	DS_1	50	1	3	0.5	0.5	0.7
三等	DS_1	100	3	6	0.3	1.0	1.5
	DS_3	75				2.0	3.0
四等	DS_3	100	5	10	0.2	3.0	5.0
五等	DS_3	100	近似相等	—	—	—	—

实训记录计算表格：

综合实训表 1.10 **四等水准测量记录**

测站编号	测点编号	后尺 下丝 / 上丝	前尺 下丝 / 上丝	方向及尺号	水准尺读数(m)		K+黑-红(m)	高差中数(m)	备注
		后视距	前视距		黑面	红面			
		视距差	$\sum d$						
		(1)	(5)	后视	(3)	(4)	(13)	(18)	
		(2)	(6)	前视	(7)	(8)	(14)		
		(9)	(10)	后—前	(15)	(16)	(17)		
		(11)	(12)						
检核									

续表

测站编号	测点编号	后尺 下丝 上丝 后视距 视距差	前尺 下丝 上丝 前视距 $\sum d$	方向及尺号	水准尺读数(m) 黑面	红面	K+黑-红(m)	高差中数(m)	备注
		(1)	(5)	后视	(3)	(4)	(13)		
		(2)	(6)	前视	(7)	(8)	(14)		
		(9)	(10)	后—前	(15)	(16)	(17)	(18)	
		(11)	(12)						
检核									

综合实训表 1.11　　水准路线高差闭合差调整与高程计算

点号	测站数 n	实测高差 h' (m)	高差改正数 v (m)	改正后高差 h (m)	高程 H (m)	备注
1	2	3	4	5	6	7
$\sum$						

综合实训表 1.12 **控制测量成果表**

点号	坐标(m)		高程 *H*（m）
	X	*Y*	

点位示意图

实训场地布置示意图：

学生总结栏：

教师评阅栏：

综合实训项目二 地形图的测绘

综合实训任务2.1 小平板仪测图

实训目标：

了解小平板仪测图的作业过程及方法，掌握应用小平板仪在一个测站上进行地形图测绘的基本步骤及方法。

实训内容：

要求每组在指导教师的带领下应用小平板仪测绘本组测区内2×2格的1∶500大比例尺地形图。

实训条件：

(1)每组小平板仪1套，水准仪1套，定向标杆2根，皮尺1把，A3绘图纸1张，铅笔，橡皮，三角尺，胶带纸等。

(2)每组有100m×100m范围的测区(各组间的场地可搭接或部分重合)，作为测绘地形图的实训场地。

仪器设备及精度技术指标：

要求使用经过检验校正后的小平板仪及DS3型微倾式水准仪，皮尺全长30m或50m。

实训程序：

(1)图根控制测量。

(2)测图前的准备工作。

(3)应用小平板仪测绘地形图。

(4)地形图的整饰与检查。

一、图根控制测量

(1)各组利用本组控制测量时使用的控制点作为图根控制点。

(2)图根控制点的平面坐标及高程已在导线测量计算成果及四等水准测量计算成果中求得，在地形图测绘时可直接使用。

二、测图前的准备工作

(1)图纸的准备。

(2)坐标方格网的绘制。

(3)展绘控制点。

(4)注意事项：

①要求每组准备 A3 绘图纸一张，用胶带纸固定在绘图板上。

②用对角线法在图纸上绘制长 20cm×20cm 间隔为 10cm 的坐标方格网，方格边长误差范围不应大于±0.1mm，方格网边长误差范围不应大于±0.2mm，对角线长度误差范围不应大于±0.3mm。

③控制点展绘好后，应按地形图图式符号标注点名及高程，用比例尺量取各相邻控制点之间的距离和已知的边长相比较，其最大误差范围在图上不应超过±0.3mm，否则应重新展绘。

三、小平板仪的安置

(1)初步安置。精确安置的工作步骤是定向→整平→对中。

(2)精确安置。精确安置的工作步骤是对中→整平→定向。

(3)注意事项：

①初步安置时先目估进行定向，然后在保持测图板大致水平的前提下，移动整个测图板进行对中。

②精确安置时，将移点器的尖端对准图上展绘好的一个控制点，移动三脚架使垂球尖对准地面对应的测站点。移动时应注意不改变图板初步安置的方向，板面仍要保持大致水平。利用尺板上的水准管进行，方法与经纬仪的整平相同，需反复进行。定向是利用已知直线定向，此时使照准仪的直尺边沿紧靠图上已知方向线，转动测图板，使照准仪照准地面上另一个控制点，使测图板固定即完成这项工作；用已知直线定向时，所用直线愈长，精度愈高，所以实际作业时应用长边定向，并用短边检查，图上偏差不应超过 0.3mm。

四、应用小平板仪绘制地形图

(1)选取并照准地物特征碎部点，照准仪的直尺边绕图纸上展绘好的测站控制点转动，通过觇孔和照准丝构成视准面照准地物特征碎部点，在图纸上标明方向。

(2)用皮尺量取测站点与碎部点之间的水平距离，按测图比例尺计算出图上距离，在方向线上标明碎部点的位置，依此方法在图纸上逐个标出地物碎部特征点的位置，按照地形图图式符号绘制在图纸上。

(3)地形特征点的高程可以用水准仪通过应读前视读数法求得，高程点的位置同样可以把水准尺的位置当做地物点用第 2 步的方法标定在图纸上。碎部点的高程按地形图图式标注于图纸上，如需绘制等高线则按等高距及手工勾绘等高线要求绘制。

(4)注意事项：

①在小平板仪上绘制地形图时尽量注意不要碰动平板，如有碰动应重新定向安置平板仪，一个测站完成后也要检查定向后再搬站。

②应选择足够数量且准确的碎部点，这是保证成图质量和提高效率的关键。

五、地形图的整饰与检查

对图的检查主要包括：格网和控制点的展绘是否符合精度要求；地物、地貌是否清晰、易读；各种符号、注记是否正确；综合取舍是否合理；等高线与地貌点高程是否适应；图边是否接合等。

铅笔原图经过拼接和检查后，还应按《地形图图式》的规定对地物、地貌进行清绘和整饰，以使图面更加合理、清晰、美观。地形图整饰的顺序是先图内后图外，先地物后地貌，先注记后符号。

技术规范：

有关地形图的技术规范参见综合实训任务 2.2　数字测图中的部分技术规范要求，其内容均摘自中华人民共和国行业标准《城市测量规范》城市地形测量部分。

地形图图名、图号、比例尺：

测图方法、测图日期：

坐标系、高程系：

测量、绘图、检查人员：

图根控制点点号，平面坐标及高程：

地形图草图：

学生总结栏：

教师评阅栏：

综合实训任务 2.2　数字测图

实训目标：

了解数字测图的作业过程及方法，掌握应用全站仪在一个测站上进行数据采集的方法，应用绘图软件绘制地形图的基本步骤及方法。

实训内容：

要求每组在指导教师的带领下应用全站仪测绘本组测区内 2×2 格的 1∶500 大比例尺地形图，由指导教师指导应用相应的绘图软件绘制地形图。

实训条件：

(1)每组全站仪 1 台，对讲机 2~3 台，单杆棱镜 1~2 个，皮尺 1 把，绘草图本 1 个，电脑 1 台(安装有 CASS2008 或 CITOMAP 绘图软件)。

(2)每组有 100m×100m 范围的测区(各组间的场地可搭接或部分重合)，作为采集地物地貌数据的实训场地。

仪器设备及精度技术指标：

要求全站仪测角精度：±5″，测距精度±(5+5ppm. *D*)即可，棱镜按型号要输入正确的棱镜常数，皮尺全长 30m 或 50m。

实训程序：

(1)图根控制测量。

(2)应用全站仪进行地物地貌数据采集。

(3)数据传输。

(4)应用绘图软件生成地形图。

一、图根控制测量

(1)各组利用本组控制测量时使用的控制点作为图根控制点。

(2)图根控制点的平面坐标及高程已在导线测量计算成果及四等水准测量计算成果中求得，在地形图测绘时可直接使用。

(3)注意事项：

如图根点密度不够，可以应用全站仪采用极坐标法或交会法加密图根平面控制点，图根点的高程应采用图根水准测量或应用全站仪进行三角高程测量。

二、全站仪地物地貌数据采集

(1)全站仪安置于一个图根控制点上，进入数据采集模式，输入测站点及后视点建立测站后，再测量后视点坐标进行测站检核。然后采集本组测区范围内的地物地貌数据，将数据存储在建立好的测量数据文件名中。

(2)全站仪数据采集的同时，草图员需绘制草图及记录对应点号。

(3)注意事项：

①注意盘左定向及盘左进行坐标数据采集，全站仪坐标显示设置方式为 X，Y，Z。

②应用全站仪进行数字测图时测站点的坐标、后视点的坐标及碎部点的坐标都保存到同一个测量坐标数据文件中，这样建站时就可利用调用点号的方法更快更方便。同时可在存储管理模式中查找任意一个碎部点测量坐标数据。

③一个测站进行数据采集时一般是先采集地物特征点，再采集地貌特征点。草图员绘制草图时需及时与仪器观测者核对点号，将地物点点号标注在草图上，地貌点点号记录清楚。

④在一个测站上采集数据的过程中如不小心仪器有碰动，应重新定向检查后视；一个测站彻底完成了数据采集准备搬站前，也应回到起始定向点检查，确定无误后再搬站。

三、数据传输

(1)用全站仪的数据传输线将全站仪与计算机连接好。

(2)应用全站仪数据通讯模式中的发送数据将全站仪中的测量坐标数据发送到计算机中并作好保存。

(3)注意事项：

①应仔细检查数据线与全站仪及计算机相应端口的连接。

②数据传输可以应用绘图软件中的数据通信菜单进行，也可以应用相应全站仪的数据通信软件进行传输。

③全站仪中的数据通信参数的设置内容有：协议、波特率、字符/校验、停止位。计算机中首先要选对仪器型号，保证联机状态，然后进行通信端口、波特率、校验、数据位、停止位的设置。

④以上各项设置正确后，全站仪中的测量坐标数据即可发送到计算机中，如数据格式与绘图软件要求的数据格式不符，可通过 WORD 或 EXCEL 等进行格式转换。

四、地形图的绘制

可选用南方 CASS 软件或威远图 CITOMAP 数字成图软件，步骤分别为：

(1)设置绘图比例尺，展野外测点点号。

(2)应仔细参照外业草图绘制地物平面图。

(3)展高程点，如地面高程起伏较大，需绘制等高线。等高线的绘制步骤为：

①应用全站仪采集的地貌特征点建立数字地面模型；
②通过修改三角网对数字地面模型进行修改；
③根据等高距及一定的拟合方式绘制等高线；
④进行等高线的修饰(如线上高程注记、等高线遇地物断开等)。

(4)图形整饰，若面积较大需分幅时，进行分幅工作后填加图廓图名。

(5)注意事项：

绘制地形图时应仔细参照外业草图。

技术规范：

地形图符号应按现行国家标准《1∶500、1∶1000、1∶2000 地形图图式》执行。

摘自中华人民共和国行业标准《城市测量规范》城市地形测量部分。

综合实训表 2.1　　**地形图的基本等高距(m)**

	1∶500	1∶1000	1∶2000
平地	0.5	0.5	0.5、1
丘陵地	0.5	0.5、1	1
山地	0.5、1	1	2
高山地	1	1、2	2

综合实训表 2.2　　**图上地物点点位中误差与间距中误差(图上 mm)**

地区分类	点位中误差	邻近地物点间距中误差
城市建筑区和平地、丘陵地	≤0.5	≤±0.4
山地、高山地和设站施测困难的旧街坊内部	≤0.75	≤±0.6

综合实训表 2.3　　**等高线插求点的高程中误差**

地形类别	平地	丘陵地	山地	高山地
高程中误差(等高距)	≤1/3	≤1/2	≤2/3	≤1

综合实训表 2.4　　**平坦开阔地区图根点的密度(点/km²)**

测图比例尺	1∶500	1∶1000	1∶2000
图根点密度	64	16	4

综合实训表 2.5　　**绘制方格网、图廓线及展绘控制点的限差(mm)**

项目	限差	
	用直角坐标展点仪	用格网尺等
方格网实际长度与名义长度之差	0.15	0.2
图廓对角线长度与理论长度之差	0.20	0.3
控制点间的图上长度与坐标反算长度之差	0.20	0.3

综合实训表 2.6　　**图解支点的最大边长及测量方法**

比例尺	最大边长(m)	测量方法
1∶500	50	实量或测距
1∶1000	100	实量或测距
	70	视距
1∶2000	160	实量或测距
	120	视距

综合实训表 2.7　　**地物点、地形点视距和测距的最大长度(m)**

比例尺	视距最大长度		测距最大长度	
	地物点	地形点	地物点	地形点
1∶500	—	70	80	150
1∶1000	80	120	160	250
1∶2000	150	200	300	400

综合实训表 2.8　　**丘陵地区高程注记点间距(m)**

比例尺	1∶500	1∶1000	1∶2000
高程注记点间距	15	30	50

数据采集使用的仪器型号：

仪器精度技术指标：

图根控制点点号、平面坐标及高程：

数据采集作业名：

地物点点号：

地貌点点号：

地物草图：

电子版地形图：

学生总结栏：

教师评阅栏：

综合实训项目三　建筑工程测量

综合实训任务 3.1　建筑方格网的测设

实训目标：

掌握建筑方格网的测设方法

实训内容：

经纬仪和水准仪测定方格网每个交点的坐标(可使用假定坐本实训任务要求以小组为单位集体完成，每组在实训场地上建立并测量边长为 50m 的正方形施工控制网。

实训条件：

较平坦的实训场地。

仪器设备及精度技术指标：

J6 光学经纬仪 1 台，30m 钢卷尺 1 把，木桩 30~40 个。

实训内容：

(1)准备：由指导老师讲解建筑方格网的测设方法。

(2)实施：主轴线测设，分部分方格网测设，分部分方格网加密，测设各个方格网高程，计算方格网坐标。

(3)成果提交：操作过程中每组填写对应的“观测记录”，每小组提交建筑方格网测设成果表一张。

实训程序：

1. 主轴线测设

学生分组布设主轴线。主轴线的位置应位于场地中央，如综合图 3.1 所示，以 *AB* 为横轴，*CD* 为纵轴。方格网轴线与假定建筑物轴线之间建立平行或垂直的关系(教师给出一个假定方位为建筑物轴线)。

使用经纬仪与钢尺放样方格网各轴线，轴线长度应大于方格网边长，在交点处打桩，在桩顶用铅笔画线定点，为检查桩位的精度提供依据。假定中心点坐标为 O(200，100)。

2. 分部网格网测设

在主轴线 *A* 和 *C* 上安置仪器，各自照准主轴线另一端 *B* 和 *D*，如综合图 3.1 所示。分别向左和向右测设 90°角，两方向的交点为 *E* 的位置，并进行交角的检测和调整。

用同样的方法，可交会出方格网点 *F*、*G* 和 *H*。

3. 用直线内分点法加密方格网

量取四角点 *E*、*F*、*G*、*H* 到已知点 *A*、*B*、*C*、*D* 的水平距离，以 10m 为单位将方格网进行加密。

根据中心点坐标计算各方格点坐标。

技术规范：

根据《工程测量规范》(GB50026-2007)中的施工测量要求，建筑方格网的建立应符合下列规定：

(1)建筑方格网测量的主要技术要求，应符合综合实训表3.1的规定。

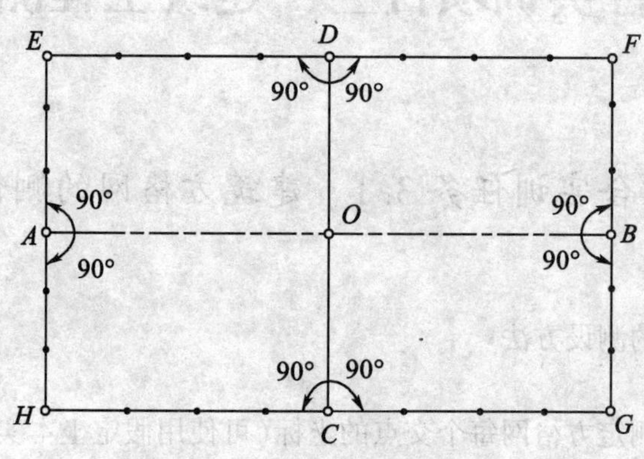

综合图3.1 建筑方格网的布设

综合实训表3.1 建筑方格网的主要技术要求

等级	边长(m)	测角中误差(″)	边长相对中误差
一级	100~300	5	≤1/30000
二级	100~300	8	≤1/20000

(2)方格网点的布设，应与建构筑物的设计轴线平行，并构成正方形或矩形格网。

(3)方格网的测设方法，可采用布网法或轴线法。当采用布网法时，宜增测方格网的对角线；当采用轴线法时，长轴线的定位点不得少于3个，点位偏离直线应在180°±5″以内，格网直角偏差应在90°±5″以内，轴线交角的测角中误差不应大于2.5″。

(4)方格网点应埋设顶面为标志板的标石。

(5)方格网的水平角观测可采用方向观测法，其技术要求应符合综合实训表3.2的规定。

综合实训表3.2 水平角观测的主要技术要求

等级	仪器型号	测角中误差(″)	测回数	半测回归零差(″)	一测回内2C互差(″)	各测回方向较差(″)
一级	1″级	5	2	≤6	≤9	≤6
	2″级	5	3	≤8	≤13	≤9
二级	2″级	8	2	≤12	≤18	≤12
	6″级	8	4	≤18	—	≤24

(6)方格网的边长宜采用电磁波测距仪器往返观测各一测回，并应进行气象和仪器加、乘常数改正。

实训注意事项：

(1)方格网的测设关键在于轴线间垂直关系的把握，建筑方格网的精度高低与垂直度的好坏密不可分。

(2)打桩定点时一定要垂直打入坚实土地，以便检查作业过程中有无破坏。打桩员要配合观测员，注意观察观测员的手势。

(3)根据量取结果在已知轴线上使用钢尺进行方格点加密，量距时注意尺面应水平。

(4)确定点位，打桩定点；打桩要格外细致，由于交会点较多，要避免互相干扰。

实训报告：

记录表见综合实训表 3. 3 和综合实训表 3. 4，实训报告见综合实训表 3. 5，一定要按照实测数据进行填写。

综合实训表 3. 3　　**方格网角度检查记录表**

日期：　　班级：　　组别：　　姓名：　　学号：

角度名称	测量角度与 90°之差	角度名称	测量角度与 90°之差

方格网示意图

综合实训表 3.4 **方格网距离检查记录表**

日期： 班级： 组别： 姓名： 学号：

距离名称	测量距离	理论距离	测设误差	距离名称	测量距离	理论距离	测设误差

方格网示意图

综合实训表 3.5　**建筑方格网测设报告**

日期：　班级：　组别：　姓名：　学号：

实训题目		成绩	
实训技能目标			
主要仪器及工具			
测设后建筑方格网示意图			
学生总结			
教师评阅			

综合实训任务3.2　建筑物平面位置的测设

实训目标：

练习用传统方法测设水平角、水平距离，以确定点位。

实训条件：

较平坦的实训场地。

仪器设备及精度技术指标：

(1)由仪器室借领：J6级光学经纬仪一套、DS3水准仪1套，钢尺1把，水准尺1根，记录板1块，斧头1把，木桩、小钉、测钎各若干。

(2)自备：计算器、铅笔、刀片、草稿纸。

实训内容：

根据已知的导线，测设另一条导线，掌握平面建筑物平面的测设。

实训程序：

(1)布置场地。每组选择间距为30m的A、B两点，在点位上打木桩，桩上钉小钉，以A、B两点的连线为测设角度的已知方向线。

(2)本次实习的测设数据。假设控制边AB起点A的坐标为$X_A=56.56\text{m}$，$Y_A=70.65\text{m}$，控制边AB的方位角为$\alpha_{AB}=90°$，已知建筑物轴线上点C、D的设计坐标为：$X_C=71.56\text{m}$，$Y_C=70.65\text{m}$；$X_D=71.56\text{m}$，$Y_D=85.65\text{m}$。

(3)计算AC、AD的距离：

$$D_{AC}=\sqrt{(x_A-x_C)^2-(y_A-y_C)^2},\ D_{AD}=\sqrt{(x_A-x_D)^2-(y_A-y_D)^2}$$

(4)计算AC、AD的坐标方位角

$$\alpha_{AC}=\arctan\frac{y_C-y_A}{x_C-x_A},\ \alpha_{AD}=\arctan\frac{y_D-y_A}{x_D-x_A}$$

(5)计算$\angle BAC$、$\angle BAD$

$$\angle BAC=\alpha_{AC}-\alpha_{AB},\ \angle BAD=\alpha_{AD}-\alpha_{AB}$$

(6)盘左置水平度盘为0°00′00″，照准B点，然后转动照准部，使度盘读数为准确的$\angle BAC$；在此视线方向上，以A点为起点用钢尺量取预定的水平距离DAC，定出一点为C_1；盘右同样测设水平角和水平距离，再定一点为C_2；若C_1、C_2不重合，取其中点C，并在点位上打木桩、钉小钉标出其位置，即为按规定角度和距离测设的点位。

(7)用与步骤(6)同样的方法放出D点。

(8)以点位C、D为准，检核所测角度和距离，若与规定的角度和距离之差在限差内，则符合要求。

技术规范：

根据《工程测量规范》(GB50026—2007)中的施工测量要求，本任务按建筑物施工平面控制网的二级网要求测设。

(1)建筑物施工平面控制网分别布设一级或二级控制网。其主要技术要求应符合综合实训表3.6的规定。

综合实训表3.6　**建筑物施工平面控制网的主要技术要求**

等　级	边长相对中误差	测角中误差
一级	≤1/30000	$7''/\sqrt{n}$
二级	≤1/15000	$15''/\sqrt{n}$

注：n 为建筑物结构的跨数。

(2)水平角观测的测回数，应根据综合实训表3.6中测角中误差的大小，按综合实训表3.7选定。

综合实训表3.7　**水平角观测的测回数**

仪器等级 \ 测角中误差	2.5″	3.5″	4.0″	5″	10″
1″级	4	3	2	—	—
2″级	6	5	4	3	1
6″级	—	—	—	4	3

(3)钢尺量距时，一级网的边长应两测回测定；二级网的边长一测回测定。长度应进行温度、坡度和尺长改正。

实训注意事项：

(1)测设完毕要进行检测，测设误差超限时应重测，并做好记录。

(2)实验结束后，每人上交“点的平面位置测设”、记录表各一份。

实训报告：

具体见综合实训表3.8~3.9。

综合实训表 3.8 **建筑物的平面位置测设记录表**

仪器型号： 日期： 班级： 观测：
工程名称： 天气： 组别： 记录：

点号	坐标 x	坐标 y	备注
A			$\alpha_{AB}=90°$
B			
C			
D			

放　样　数　据

<table>
<tr><td>C 点放样距离</td><td></td><td>C 点放样角度</td><td></td></tr>
<tr><td>D 点放样距离</td><td></td><td>D 点放样角度</td><td></td></tr>
<tr><td rowspan="2">测设后经检查，点 C 与点 D 距离</td><td>测设后 C，D 距离</td><td>已知 C，D 距离</td><td>产生误差的原因</td></tr>
<tr><td></td><td></td><td></td></tr>
</table>

综合实训表 3.9　　建筑物平面位置测设报告

日期：　　班级：　　组别：　　姓名：　　学号：

实训题目		成绩	
实训技能目标			
主要仪器及工具			
已知导线及测设后建筑物平面示意图			
学生总结			
教师评阅			

综合实训任务3.3 建筑物±0、+50高程的测设及高程传递

实训目标：

本次实训达到的目标是把图纸上设计的建(构)筑物的高程，按设计和施工的要求测设到相应的地点，作为施工的依据。

实训内容：

根据业主移交的水准基点在工程周围的建(构)筑物上以闭合环的方式测设出若干个±0高程点，主体标高控制线全部采用+50mm线，高程通过悬挂钢尺配合水准仪进行传递。

实训条件：

选择一个正在施工的工民建施工场地。

仪器设备及精度技术指标：

需借领的全部仪器设备及工具：DS3水准仪1台，水准尺1把，钢尺1把。

实训程序：

(1)由实训指导教师指定一个施工工地，选择一个3层以上的楼梯间作为实训主体。并且在场地中找一个已知的水准点A。假设A点的相对高程为-1.410m。

(2)将水准点引入施工现场控制点B，C，D共3点，建立±0标高控制网。具体做法是：因为B、C、D三点的设计高程为0.000m，在A点立水准尺，作为后视引测高程，设后视读数为$a=2.425$，则水平视线高程为$H_A+a=1.015$；在B点立水准尺，作为前视，则B点的尺上读数应为$b=H_A+a-H_B=1.015$。在B点上立尺时标尺要紧贴建筑物墙、柱的侧面，水准仪瞄准标尺时要使其贴着建筑物墙、柱的侧面上下移动，当尺上读数正好等于b时，则沿尺底在建筑物墙、柱的侧面画横线，即为设计高程的位置。在设计高程位置和水准点上立尺，再前后视观测，以作检核。然后在稳定的建筑物墙、柱的侧面用红漆绘成顶为水平线的"▼"形，即为±0水准点的位置，其顶端表示±0位置。同理可测设C、D两点。

(3)+50高程的测设。首层墙体砌到1.5m高后，用水准仪在内墙面上测设一条"+50"的水平线，由步骤(2)中的B、C、D中的任一点做后视，用以上测设±0的方法在内墙上可以完成+50的测设。+50可以作为首层地面施工及室内装修的标高依据。

(4)其他层+50测设和高程传递。以后每砌高一层，就从楼梯间用钢尺从下层的"+50"标高线，向上量出层高，测出上一楼层的+50标高线。根据情况也可用吊钢尺法向上传递高程。过程是将钢尺零段向下悬挂在支架上，并在钢尺零段悬挂10kg的重物使其静置如综合图3.2所示，在已知水准点E，即首层+50线上立水准尺并在其附近地坪处安置水准仪，分别读取钢尺上的读数b_1和水准尺上的读数a_1。将水准仪安置在二楼，读取钢尺上的读数a_2。计算出前视读数$b_2=H_E+a_1-(b_1-a_2)-H_F$。上、下移动测设点$B$处的水准尺，直到水准仪在尺上的读数恰好为$b_2$时在尺底画出标志线，此线即为$H_F$位置，即二层的+50线。

技术规范：

根据《工程测量规范》(GB50026—2007)中的施工测量要求，本任务按高程控制测量

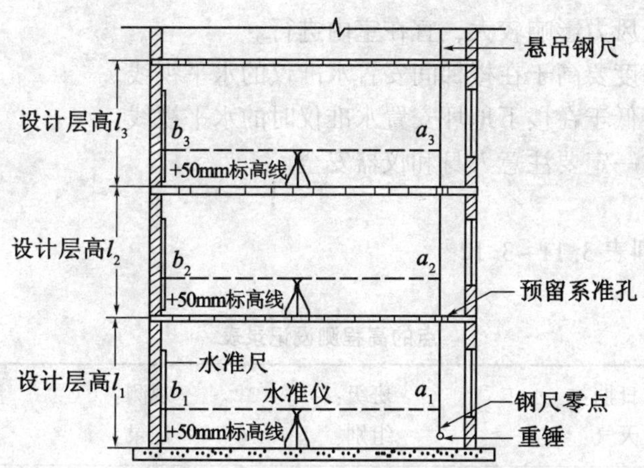

综合图 3.2　建筑物高程测量及高程传递

的建筑物施工放样进行。

(1)建筑物高程控制，应符合下列规定：

①建筑物高程控制，应采用水准测量。附合路线闭合差，不应低于四等水准的要求。

②水准点可设置在平面控制网的标桩或外围的固定地物上，也可单独埋设。水准点的个数，不应少于 2 个。

③当场地高程控制点距离施工建筑物小于 200m 时，可直接利用。

④当施工中高程控制点标桩不能保存时，应将其高程引测至稳固的建筑物或构筑物上，引测的精度，不应低于四等水准。

(2)建筑物施工放样的偏差，不应超过综合实训表 3.10 的规定。

综合实训表 3.10　　建筑物施工放样的允许偏差

项　目	内　容		允许偏差(mm)
标高竖向传递	每　层		±3
	总　高 H(m)	$H \leqslant 30$	±5
		$30 < H \leqslant 60$	±10
		$60 < H \leqslant 90$	±15
		$90 < H \leqslant 120$	±20
		$120 < H \leqslant 150$	±25
		$150 < H$	±30

实训注意事项：

(1)所有使用的测量仪器，专人保管。轻拿轻放，不得碰撞。

(2)测量的原始记录必须真实可靠，字迹清楚，不得随意涂抹更改。

(3)加强复核保证精度。

(4)使用水准仪在钢尺上读数一定要注意毫米位的估读，仍然是读到毫米。

(5)高程引测受风力影响较大，宜在室内进行。

(6)支架安装高度要高于在楼梯间安置水准仪的水平视线。

(7)钢尺零端要低于在楼下地坪安置水准仪时的水平视线。

(8)高空作业时一定要注意人身和仪器安全。

实训报告：

具体见综合实训表 3.11~3.12。

综合实训表 3.11 **点的高程测设记录表**

仪器型号：　日期：　班级：　观测：

工程名称：　天气：　组别：　记录：

点号	高程	备注	
已知水准点			
B			
C			
D			
E			
F			
放样数据			
B 点上的前尺读数			
C 点上的前尺读数			
D 点上的前尺读数			
E 点上的前尺读数			
F 点上的前尺和钢尺读数			
测设后经检查点 *B*、*C*、*D*、*E*、*F* 的高差	测设后各点高差	已知各点高差	产生误差的原因

综合实训表 3.12　　**建筑物±0、+50mm 线及高程传递报告**

日期：　　班级：　　组别：　　姓名：　　学号：

实训题目		成绩	
实训技能目标			
主要仪器及工具			
±0 高程闭合差计算及高程传递计算过程			
学生总结			
教师评阅			

综合实训项目四　线路工程测量

综合实训任务 4.1　线路主点测设

实训目标：

(1)学会路线交点转角的测定方法。

(2)掌握圆曲线主点里程的计算方法。

(3)熟悉圆曲线主点的测设过程。

实训内容：

根据已知的交点里程、交角和曲线半径，计算曲线要素和主点里程，并测设到地面上。

仪器设备及精度技术指标：

(1)由仪器室借领：经纬仪 1 台、皮尺 1 把、记录板 1 块、测伞 1 把。

(2)自备：计算器、铅笔、刀片、计算用纸。

实训程序：

(1)在平坦地区定出路线导线的三个交点(JD_1、JD_2、JD_3)，如综合图 4.1 所示，并在所选点上用木桩标定其位置。此项工作由实习指导教师带领部分学生进行。

(2)在 JD_2上安置经纬仪，用测回法观测出$\beta_{右}$，并计算出转角$\alpha_{右}$。

$$\alpha_{右} = 180° - \beta_{右}$$

(3)假定曲线半径 $R=100$m，根据 R 和 $\alpha_{右}$，计算曲线测设元素 T、L、E、D。

(4)计算圆曲线主点的里程(假定 JD_2的里程为 K4+296.67)。计算列表如下：

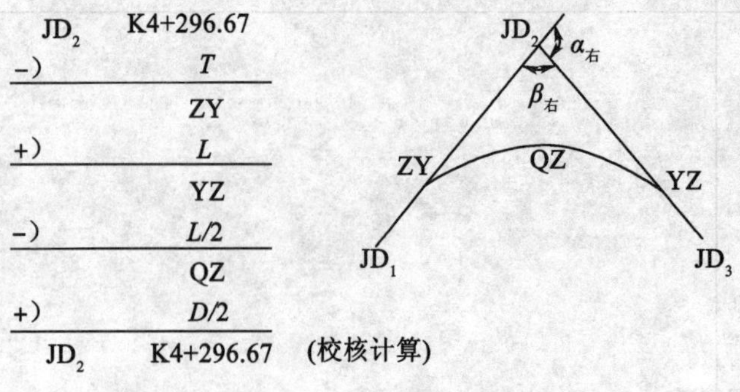

综合图 4.1　线路主点及校核计算图

(5)设置圆曲线主点：

①在 JD_2—JD_1 方向线上，自 JD_2 量取切线长 T，得圆曲线起点 ZY。

②在 JD_2—JD_3 方向线上，自 JD_2 量取切线长 T，得圆曲线终点 YZ。

③用经纬仪设置 $\beta_{右}/2$ 的方向线，即 $\beta_{右}$ 的角平分线。在此角平分线上自 JD_2 量取外距 E，得圆曲线中点 QZ。

(6)站在曲线内侧观察 ZY、QZ、YZ 桩是否有圆曲线的线形，以作为概略检核。

(7)设置交点护桩。

技术规范：

(1)交点的水平角观测，正交点 1 测回，副交点 2 测回。副交点水平角观测值较差不应大于综合实训表 4.1 的规定。

综合实训表 4.1 **副交点测回间角值较差的限差**

仪器精度等级	副交点测回间角值较差限差(″)
2″级仪器	15
6″级仪器	20

(2)线路中线桩的间距，直线部分不应大于 50m，平曲线部分宜为 20m。当铁路曲线半径大于 800m，且地势平坦时，其中线桩间距可为 40m。当公路曲线半径为 30~60m，缓和曲线长度为 30~50m 时，其中线桩间距不应大于 10m；曲线半径和缓和曲线长度小于 30m 的或在回头曲线段，中线桩间距不应大于 5m。

(3)中线桩位测量误差，直线段不应超过综合实训表 4.2 的规定；曲线段不应超过综合实训表 4.3 的规定。

综合实训表 4.2 **中线桩位测量的限差要求**

线路名称	纵向误差(m)	横向误差(cm)
铁路、一级及以上公路	$\frac{S}{2000}+0.1$	10
二级及以下公路	$\frac{S}{1000}+0.1$	10

注：S 为转点桩至中线桩的距离(m)。

综合实训表 4.3 **曲线段中线桩位测量闭合差限差**

线路名称	纵向相对闭合差(m)		横向相对闭合差(cm)	
	平地	山地	平地	山地
铁路、一级及以上公路	1/2000	1/1000	10	10
二级及以下公路	1/1000	1/500	10	15

实训注意事项：

(1)为使实训直观便利，克服场地的限制，本次实训规定 $30° < \alpha_{右} < 40°$，$R = 100\mathrm{m}$。

(2)计算主点里程时要每人独立计算，加强校核，培养计算能力。

(3)本次实训项目较多，小组人员要紧密配合，保证实训顺利完成。

实训报告：

实训报告见综合实训表 4.4。

综合实训表 4.4　　　　圆曲线主点测设

日期：　　　班级：　　　组别：　　　姓名：　　　学号：

<table>
<tr><td colspan="2">实训题目</td><td colspan="3"></td><td>成绩</td><td colspan="2"></td></tr>
<tr><td colspan="2">实训技能
目标</td><td colspan="6"></td></tr>
<tr><td colspan="2">主要仪器
及工具</td><td colspan="6"></td></tr>
<tr><td colspan="2">交点号</td><td colspan="3"></td><td>交点桩号</td><td colspan="2"></td></tr>
<tr><td rowspan="5">转角观
测结果</td><td>盘位</td><td>目标</td><td>水平读盘读数</td><td>半测回右角值</td><td>右角</td><td>转角</td></tr>
<tr><td rowspan="2">盘左</td><td></td><td></td><td rowspan="2"></td><td rowspan="4"></td><td rowspan="4"></td></tr>
<tr><td></td><td></td></tr>
<tr><td rowspan="2">盘右</td><td></td><td></td><td rowspan="2"></td></tr>
<tr><td></td><td></td></tr>
<tr><td>曲线元素</td><td colspan="7">R(半径)=　　(切线长)=　　E(外距)=
α(转角)=　　L(曲线长)=　　D(超距)=</td></tr>
<tr><td>主点桩号</td><td colspan="7">ZY 桩号：　　QZ 桩号：　　YZ 桩号：</td></tr>
</table>

续表

	测设方法	测设草图
主点测设方法		
学生总结		
教师评阅		

综合实训任务 4.2　线路中线测量

实训目标：

(1)熟悉全站仪的基本操作。

(2)学会用传统方法放样公路中线。

仪器设备及精度技术指标：

(1)由仪器室借领：全站仪 1 套、棱镜 1 套、测伞 1 把、记录板 1 块，小钢尺 1 把。

(2)自备：铅笔、刀片、草稿纸。

实训程序：

(1)如综合图 4.2 所示，实地选定(JD_1、JD_2、JD_3)的位置，估计使 JD_2上的转角约 30°~40°，相邻交点之间的距离不小于 100m。

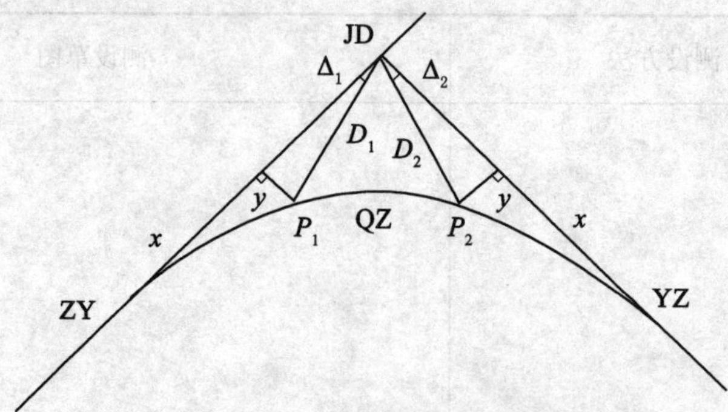

图 4.2 线路中线测量图

(2)仪器参数设置：

①设定距离单位为 m。

②设定角度单位为六十进制度，设定角度的小数位数为 4 位(最小显示为 1″)。

③输入温度与气压值，单位与所用气压计的单位一致。

④输入全站仪的棱镜常数与测距常数。

⑤根据测区的高程，计算格网因子并输入仪器，应为格网因子在放样过程中对结果的影响较大。

(3)全站仪置于 JD_2上，瞄准 JD_1和 JD_3观测右角 $\beta_{右}$，计算转角 $\alpha_{右}$。

(4)假定 JD_2上的半径 R 和交点里程(此项工作可由实训指导教师协助进行)，计算曲线元素和主点里程。

(5)以整桩号法桩距 20m 加桩，用切线支距法计算各中桩的支距(x，y)。

(6)计算图中所示角度 Δ 和距离 D。

$$\Delta = \arctan \frac{y}{T - x},\ D = \sqrt{(T - x)^2 + y^2}$$

(7)仪器后视 JD_1，水平度盘归零，拨角 Δ，在视准轴方向测量距离 D，即可得到桩位。

(8)重复上述步骤，在地面上放样所有的中桩。

(9)当测完所有中桩后，目测所有中桩构成的圆曲线是否顺适，并丈量相邻桩间的弦长进行校核。

技术规范：

(1)线路定测放线测量，应符合下列规定：

①作业前，应收集初测导线或航测外控点的测量成果，并应对初测高程控制点逐一检测。高程检测较差不应超过 $30\sqrt{L}$ mm(L 为检测线路长度，单位为 km)。

②放线测量应根据图纸上定线线位，采用极坐标法、拨角法、支距法或 GPS-RTK 法进行。

③线路中线测量，应与初测导线、航测外控点或 GPS 点联测。联测间隔宜为 5km，特殊情况下不应大于 10km。线路联测闭合差不应大于综合实训表 4.5 的规定。

综合实训表 4.5　**中线联测闭合差的限差**

线路名称	方位角闭合差(″)	相对闭合差
铁路、一级及以上公路	$30\sqrt{n}$	1/2000
二级及以下公路	$60\sqrt{n}$	1/1000

注：n 为测站数；计算相对闭合差时，长度采用初、定测闭合环长度。

(2)定测中线桩位测量，应符合下列规定：

①线路中线上，应设立线路起终点桩、千米桩、百米桩、平曲线控制桩、桥梁或隧道轴线控制桩、转点桩和断链桩，并应根据竖曲线的变化适当加桩。

②线路中线桩的间距，直线部分不应大于 50m，平曲线部分宜为 20m。当铁路曲线半径大于 800m，且地势平坦时，其中线桩间距可为 40m。当公路曲线半径为 30~60m，缓和曲线长度为 30~50m 时，其中线桩间距不应大于 10m；曲线半径和缓和曲线长度小于 30m 的或在回头曲线段，中线桩间距不应大于 5m。

③中线桩位测量误差，直线段不应超过综合实训表 4.2 的规定；曲线段不应超过综合实训表 4.3 的规定。

④断链桩应设立在线路的直线段，不得在桥梁、隧道、平曲线、公路立交或铁路车站范围内设立。

实训注意事项：

(1)全站仪是十分贵重的精密仪器，使用过程中要十分细心，以防损坏。

(2)不能将望远镜直接对向太阳，阳光较强时要给全站仪打伞。

(3)在测距方向上不能有其他反光物体(如其他棱镜、水银镜面、玻璃等)，以免影响测量结果。

(4)用单棱镜放样时，应使棱镜对中杆上的圆水准器居中。

(5)长时间处于测距状态耗电较多，因此当棱镜接近于实际桩位时才启动距离测量。

(6)外业工作中应配有备用电池，以防电池不够用而影响工作。

(7)需要顺时针拨角时，将水平度盘置于“HR”，需要逆时针拨角时，将水平度盘置于“HL”。

(8)在 ZY—QZ 段，仪器后视 JD_1，在 QZ—YZ 段，仪器后视 JD_2。

(9)全站仪点放样的详细操作步骤可参见附录。

(10)测量距离 D 时，根据实际测量距离与计算距离的差值，可用小钢尺或皮尺协助快速找到桩位。

实训报告：

实训报告见综合实训表 4.6。

综合实训表 4.6 **放样道路中线数据记录表**

日期： 班级： 组别： 姓名： 学号

曲线元素		$\alpha=$	$R=$	
	$T=$	$L=$	$E=$	$D=$
主点里程	ZY：	QZ：	YZ：	

详细测设数据

区间	桩号	x	y	β	D
ZY—QZ					
QZ—YZ					

道路中线示意图

综合实训任务 4.3　线路的纵横断面测量

实训目标：

掌握运用 GPS-RTK 的方法进行线路纵横断面测量。

实训内容：

介绍主要实训内容，应用徕卡 GPS1200 仪器 1+2 测量线路纵横断面，并用南方 cass 成图软件绘制线路纵横断面。

实训条件：

使用综合实训任务 4.2 的场地，并且利用其中线的成果。

仪器设备及精度技术指标：

需借领 GPS1200 参考站主机 1 台，GPS1200 移动站 2 台，2m 对中杆 2 根，电台 1 部，蓄电池 1 个，对讲机 3 个，三脚架 2 个。

自备：铅笔，计算器，记录纸等。

实训程序：

一、准备工作

(1)检查和确认：基准站接收机、流动站接收机开关机正常，所有的指示灯都正常工作，电台能正常发射，其面板显示正常，蓝牙连接是否正常。

(2)充电：确保携带的所有的电池都充满电，包括接收机电池、手簿电池和蓄电池，如果要作业一天的话，至少携带三块以上的接收机电池。

(3)检查携带的配件：出外业之前确保所有所需的仪器和电缆均已携带，包括接收机主机，电台发射和接收天线，电源线，数传线，手簿和手簿线等。

(4)外业前同时进行 GPS1200 主机及手簿的配置集设置(具体参照说明书)。

(5)出外业前，关掉手簿和接收机的电源，带上已知点的坐标。

二、架设基准站

基准站一定要架设在视野比较开阔，周围环境比较空旷的地方，地势比较高的地方；避免架在高压输变电设备附近、无线电通信设备收发天线旁边、树荫下以及水边，这些都对 GPS 信号的接收以及无线电信号的发射产生不同程度的影响。

(1)架设基准站的具体步骤如下：

①架好三脚架，放电台天线的三脚架最好放到高一些的位置，两个三脚架之间保持至少 3m 的距离。

②固定好机座和基准站接收机(如果架在已知点上，要做严格的对中整平)，打开基准站接收机。

③安装好电台发射天线，把电台挂在三脚架上，将蓄电池放在电台的下方，把电台天线和电台数据线接到电台上以后，再接上电台的外接电源，这时电台会自动开机。

(2)启动基站：打开主机电源，把手簿挂到主机上，手簿开机后按 shift+f6，然后选择主机设置菜单，进行配置，输入天线高，选择此处的坐标，点保存就可启动基准站。然后直接从主机上取下手簿即可。

基准站启动完成并且连接电台正常发射差分数据以后，最好不要用手簿通过串口线或蓝牙的方式来查看基准站接收机的设置，如果用蓝牙方式查看了以后，基准站就不能正常发射差分数据了，如果用串口线连接查看了以后，发射的差分数据格式将会改变，移动站都不能正常运行了，解决上述问题的办法是先将串口线或蓝牙连接断开，然后将基准站接收机关机然后再开机，差分数据就会正常发射了。

而对于移动站，收到差分数据后，进行差分，达到差分解(浮动解或者固定解)即可开始工作。

三、启动移动站

在基准站启动成功，并且差分数据也从电台正常发射以后，在基准站旁边就要把移动站架好，并让其得到固定解，这样是为了确保移动站能正常的工作，具体步骤如下：

(1)打开移动站接收机电源，并固定在 2m 高的碳纤对中杆上面。

(2)用手簿连接移动站接收机，用蓝牙把移动站主机连接好后，等到手簿上显示卫星数目和单点定位以后，即可进行下一步的操作。

当移动站接收机“固定”(浮动解或者固定解)了以后，就可以进行测量点和放样的工作了。

四、点校正

在绝大部分测量工作中，都使用国家坐标系统或地方坐标系统，而 GPS 测量结果是基于 WGS84 的坐标系统，所以在进行一项新的任务之前，必须要做点校正，以求出两种坐标系统的转换参数，具体的操作方法如下：

(1)先在已知点的当地平面坐标输入手簿中的新建准备测量点的文件夹中；如 JD2。

(2)然后把流动站放在已知点上，对中整平，进行“测量点”的操作。在“测量点”里，“点名称”最好和键入的已知点的名称一样；已知点最好是 3 个。

(3)进行点校正：点击“点校正”即完成点校正。

点校正完成以后，使用移动站测量所得的所有坐标都是在当地平面坐标系下的，就可以直接进行线路测量。

五、线路的纵横断面测量

按照里程桩号从小到大的顺序，中线上 20m 桩号上测量纵断面数据，垂直中线方向大约 10m 的地方测量地面点数据，就可组成横断面数据。

六、内业处理

(1)把手簿里的测量点用数据线导到徕卡 LGO 软件里，就可以把所有数据保存成 *. csv 的格式或者 *. xls 的 excel 表格。

(2)把 *.csv 直接更名为 *.dat 文件，然后打开南方 cass 软件，点绘图处理→展野外点点号，在 cass 里就可以看到所有的数据点。

(3)把中线用复合线连接起来，然后点由纵断面线新建并生成里程，最后根据里程文件绘制断面图就可以绘制出线路的纵横断面图。

技术规范：

(1)中线桩的高程测量，应布设成附合路线，其闭合差不应超过 $50\sqrt{L}$ mm(L 为附合路线长度，单位为 km)。

(2)横断面测量的误差，不应超过综合实训表 4.7 的规定。

综合实训表 4.7　**横断面测量的限差**

线路名称	距离(m)	高程(m)
铁路、一级及以上公路	$\frac{l}{100}+0.1$	$\frac{h}{100}+\frac{l}{200}+0.1$
二级及以下公路	$\frac{l}{50}+0.1$	$\frac{h}{50}+\frac{l}{100}+0.1$

注：① l 为测点至线路中线桩的水平距离(m)；

② h 为测点至线路中线桩的高差(m)。

③施工前应复测中线桩，当复测成果与原测成果的较差符合综合实训表 4.8 的限差规定时，应采用原测成果。

综合实训表 4.8　**中线桩复测与原测成果较差的限差**

线路名称	水平角(″)	距离相对中误差	转点横向误差(mm)	曲线横向闭合差(cm)	中线桩高程(cm)
铁路、一级及以上公路	≤30	≤1/2000	每 100m 小于 5，点间距大于等于 400m 小于 20	≤10	≤10
二级及以下公路	≤60	≤1/1000	每 100m 小于 10	≤10	≤10

实训注意事项：

(1)基准站 GPS 接收机架好以后切记不要移动，如果不小心挪动了位置的话，需要用手簿重新启动基准站接收机，如果基准站是架在已知点上，需要重新对中整平，并且重新测量仪器的斜高，然后在重新启动基准站的时候输入到手簿里。

(2)电台和蓄电池连接时一定注意正负极。

(3)用 3 个已知点进行点校正，这 3 个点组成的三角形要尽量接近正三角形。

实训报告：

实训记录表见综合实训表 4.9，实训报告见综合实训表 4.10。

综合实训表 4.9　　　　　　**纵横断面测量记录表**

日期：　　　班级：　　　　　组别：　　　姓名：　　　学号：

左侧 10m 处 坐标及高程	横断面测量 误差及限差	中桩里程 坐标及高程	右侧 10m 处 坐标及高程	横断面测量 误差及限差

综合实训表 4.10　　**线路纵横断面测量报告**

日期：　班级：　组别：　姓名：　学号：

实训题目		成绩	
实训技能目标			
主要仪器及工具			
线路纵断面			
线路横断面			
学生总结			
教师评阅			

附　　录

附录1　测量常用单位及换算关系

量名	单位名	符号	换算关系
长度	米	m	1m = 10dm 1m = 100 cm 1m = 1000mm 1km = 1000m 1nmile = 1852m
	分米	dm	
	厘米	cm	
	毫米	mm	
	公里	km	
	海里	n　mile	
面积	平方米	m^2	$1km^2 = 1000000m^2$ $1hm^2 = 10000m^2$ 1 亩 = 666. 6m^2
	平方公里	km^2	
	公顷	hm^2	
	亩		
体积	立方米	m^3	
平面角度	弧度	rad	1 圆周角 = 2 πrad 1 ″ = (π/648000) rad 1 ′ = 60 ″　1 ° = 60 ′ 1 ρ = 57. 3 ° = 206265 ″
	秒	″	
	分	′	
	度	°	
时间	秒	s	1min = 60s 1h = 60min 1d = 24h
	分	min	
	小时	h	
	天	d	

附录2　常用国家测绘标准及测绘行业标准

部分国家测绘标准

1.《工程测量规范》GB50026—2007

2.《国家一、二等水准测量规范》GB/T12897—2006

3.《国家三、四等水准测量规范》GB/T12898—2009

4.《1：500、1：1000、1：2000外业数字测图技术规程》GB/T14912—2005

5.《国家基本比例尺地图图式第1部分：1：500　1：1000　1：2000地形图图式》GB/T20257.1—2007

6.《1：500、1：1000、1：2000地形图数字化规范》GB/T17160—2008

7.《数字地形图产品基本要求》GB/T18315—2009

8.《数字测绘成果质量要求》GB/T17941—2008

9.《数字测绘成果质量检查与验收》GB/T18316—2008

10.《测绘成果质量检查与验收》GB/T24356—2009

11.《行政区域界线测绘规范》GB/T17796—2009

12.《全球定位系统(GPS)测量规范》GB/T18314—2009

13.《城市轨道交通工程测量规范》GB50308—2008

14.《地质矿产勘查测量规范》GB/T18341—2001

15.《中、短程光电测距规范》GB/T16818—2008

16.《地理信息分类与编码规则》GB/T25529—2010

17.《1：500　1：1000　1：2000地形图航空摄影测量数字化测图规范》GB/T15967—2008

18.《1：500　1：1000　1：2000地形图航空摄影测量内业规范》GB/T7930—2008

19.《1：500　1：1000　1：2000地形图航空摄影测量外业规范》GB/T7931—2008

20.《光电测距仪》GB/T14267—2009

部分测绘行业标准

1.《城市测量规范》CJJ/T8—2011

2.《卫星定位城市测量技术规范》CJJ/T73—2010

3.《建筑变形测量规范》JGJ8—2007

4.《石油化工工程测量规范》SH3100—2000

5.《电力工程施工测量技术规范》DL/T5445—2010

6.《公路勘测规范》JTGC10—2007

7.《公路勘测细则》JTG/TC10—2007

8.《铁路工程测量规范》TB10101—2009

9.《高速铁路工程测量规范》TB10601—2009

10.《铁路工程卫星定位测量规范》TB10054—2010

11.《全球定位系统实时动态测量(RTK)技术规范》CH/T2009—2010

12.《数字水准仪检定规程》CH/T8019—2009

13.《基础地理信息数字成果 1∶500　1∶1000　1∶2000 数字线划图》CH/T9008.1—2010

14.《数字线划图(DLG)质量检验技术规程》CH/T1025—2011

15.《测绘作业人员安全规范》CH1016—2008

16.《测绘技术总结编写规定》CH/T1001—2005

17.《测绘技术设计规定》CH/T1004—2005

18.《高程控制测量成果质量检验技术规程》CH/T1021—2010

19.《平面控制测量成果质量检验技术规程》CH/T1022—2010

20.《测绘成果质量检验报告编写基本规定》CH/Z1001—2007

附录3　中华人民共和国测绘法

(2002 年 8 月 29 日第九届全国人民代表大会常务委员会第二十九次会议修订通过 2002 年 8 月 29 日中华人民共和国主席令第 75 号公布自 2002 年 12 月 1 日起施行)

目　录

第一章　总则

第一条　为了加强测绘管理，促进测绘事业发展，保障测绘事业为国家经济建设、国防建设和社会发展服务，制定本法。

第二条　在中华人民共和国领域和管辖的其他海域从事测绘活动，应当遵守本法。

本法所称测绘，是指对自然地理要素或者地表人工设施的形状、大小、空间位置及其属性等进行测定、采集、表述以及对获取的数据、信息、成果进行处理和提供的活动。

第三条　测绘事业是经济建设、国防建设、社会发展的基础性事业。各级人民政府应当加强对测绘工作的领导。

第四条　国务院测绘行政主管部门负责全国测绘工作的统一监督管理。国务院其他有关部门按照国务院规定的职责分工，负责本部门有关的测绘工作。

县级以上地方人民政府负责管理测绘工作的行政部门(以下简称测绘行政主管部门)负责本行政区域测绘工作的统一监督管理。县级以上地方人民政府其他有关部门按照本级人民政府规定的职责分工，负责本部门有关的测绘工作。

军队测绘主管部门负责管理军事部门的测绘工作，并按照国务院、中央军事委员会规定的职责分工负责管理海洋基础测绘工作。

第五条 从事测绘活动，应当使用国家规定的测绘基准和测绘系统，执行国家规定的测绘技术规范和标准。

第六条 国家鼓励测绘科学技术的创新和进步，采用先进的技术和设备，提高测绘水平。

对在测绘科学技术进步中做出重要贡献的单位和个人，按照国家有关规定给予奖励。

第七条 外国的组织或者个人在中华人民共和国领域和管辖的其他海域从事测绘活动，必须经国务院测绘行政主管部门会同军队测绘主管部门批准，并遵守中华人民共和国的有关法律、行政法规的规定。

外国的组织或者个人在中华人民共和国领域从事测绘活动，必须与中华人民共和国有关部门或者单位依法采取合资、合作的形式进行，并不得涉及国家秘密和危害国家安全。

第二章　测绘基准和测绘系统

第八条 国家设立和采用全国统一的大地基准、高程基准、深度基准和重力基准，其数据由国务院测绘行政主管部门审核，并与国务院其他有关部门、军队测绘主管部门会商后，报国务院批准。

第九条 国家建立全国统一的大地坐标系统、平面坐标系统、高程系统、地心坐标系统和重力测量系统，确定国家大地测量等级和精度以及国家基本比例尺地图的系列和基本精度。具体规范和要求由国务院测绘行政主管部门会同国务院其他有关部门、军队测绘主管部门制定。

在不妨碍国家安全的情况下，确有必要采用国际坐标系统的，必须经国务院测绘行政主管部门会同军队测绘主管部门批准。

第十条 因建设、城市规划和科学研究的需要，大城市和国家重大工程项目确需建立相对独立的平面坐标系统的，由国务院测绘行政主管部门批准；其他确需建立相对独立的平面坐标系统的，由省、自治区、直辖市人民政府测绘行政主管部门批准。

建立相对独立的平面坐标系统，应当与国家坐标系统相联系。

第三章　基础测绘

第十一条 基础测绘是公益性事业。国家对基础测绘实行分级管理。

本法所称基础测绘，是指建立全国统一的测绘基准和测绘系统，进行基础航空摄影，获取基础地理信息的遥感资料，测制和更新国家基本比例尺地图、影像图和数字化产品，建立、更新基础地理信息系统。

第十二条 国务院测绘行政主管部门会同国务院其他有关部门、军队测绘主管部门组织编制全国基础测绘规划，报国务院批准后组织实施。

县级以上地方人民政府测绘行政主管部门会同本级人民政府其他有关部门根据国家和上一级人民政府的基础测绘规划和本行政区域内的实际情况，组织编制本行政区域的基础测绘规划，报本级人民政府批准，并报上一级测绘行政主管部门备案后组织实施。

第十三条 军队测绘主管部门负责编制军事测绘规划，按照国务院、中央军事委员会规定的职责分工负责编制海洋基础测绘规划，并组织实施。

第十四条 县级以上人民政府应当将基础测绘纳入本级国民经济和社会发展年度计划及财政预算。

国务院发展计划主管部门会同国务院测绘行政主管部门，根据全国基础测绘规划，编制全国基础测绘年度计划。

县级以上地方人民政府发展计划主管部门会同同级测绘行政主管部门，根据本行政区域的基础测绘规划，编制本行政区域的基础测绘年度计划，并分别报上一级主管部门备案。

国家对边远地区、少数民族地区的基础测绘给予财政支持。

第十五条 基础测绘成果应当定期进行更新，国民经济、国防建设和社会发展急需的基础测绘成果应当及时更新。

基础测绘成果的更新周期根据不同地区国民经济和社会发展的需要确定。

第四章 界线测绘和其他测绘

第十六条 中华人民共和国国界线的测绘，按照中华人民共和国与相邻国家缔结的边界条约或者协定执行。中华人民共和国地图的国界线标准样图，由外交部和国务院测绘行政主管部门拟订，报国务院批准后公布。

第十七条 行政区域界线的测绘，按照国务院有关规定执行。省、自治区、直辖市和自治州、县、自治县、市行政区域界线的标准画法图，由国务院民政部门和国务院测绘行政主管部门拟订，报国务院批准后公布。

第十八条 国务院测绘行政主管部门会同国务院土地行政主管部门编制全国地籍测绘规划。县级以上地方人民政府测绘行政主管部门会同同级土地行政主管部门编制本行政区域的地籍测绘规划。

县级以上人民政府测绘行政主管部门按照地籍测绘规划，组织管理地籍测绘。

第十九条 测量土地、建筑物、构筑物和地面其他附着物的权属界址线，应当按照县级以上人民政府确定的权属界线的界址点、界址线或者提供的有关登记资料和附图进行。权属界址线发生变化时，有关当事人应当及时进行变更测绘。

第二十条 城市建设领域的工程测量活动，与房屋产权、产籍相关的房屋面积的测量，应当执行由国务院建设行政主管部门、国务院测绘行政主管部门负责组织编制的测量技术规范。

水利、能源、交通、通信、资源开发和其他领域的工程测量活动，应当按照国家有关的工程测量技术规范进行。

第二十一条 建立地理信息系统，必须采用符合国家标准的基础地理信息数据。

第五章　测绘资质资格

第二十二条　国家对从事测绘活动的单位实行测绘资质管理制度。

从事测绘活动的单位应当具备下列条件，并依法取得相应等级的测绘资质证书后，方可从事测绘活动：

(一)有与其从事的测绘活动相适应的专业技术人员；

(二)有与其从事的测绘活动相适应的技术装备和设施；

(三)有健全的技术、质量保证体系和测绘成果及资料档案管理制度；

(四)具备国务院测绘行政主管部门规定的其他条件。

第二十三条　国务院测绘行政主管部门和省、自治区、直辖市人民政府测绘行政主管部门按照各自的职责负责测绘资质审查、发放资质证书，具体办法由国务院测绘行政主管部门商国务院其他有关部门规定。

军队测绘主管部门负责军事测绘单位的测绘资质审查。

第二十四条　测绘单位不得超越其资质等级许可的范围从事测绘活动或者以其他测绘单位的名义从事测绘活动，并不得允许其他单位以本单位的名义从事测绘活动。

测绘项目实行承发包的，测绘项目的发包单位不得向不具有相应测绘资质等级的单位发包或者迫使测绘单位以低于测绘成本承包。

测绘单位不得将承包的测绘项目转包。

第二十五条　从事测绘活动的专业技术人员应当具备相应的执业资格条件，具体办法由国务院测绘行政主管部门会同国务院人事行政主管部门规定。

第二十六条　测绘人员进行测绘活动时，应当持有测绘作业证件。

任何单位和个人不得妨碍、阻挠测绘人员依法进行测绘活动。

第二十七条　测绘单位的资质证书、测绘专业技术人员的执业证书和测绘人员的测绘作业证件的式样，由国务院测绘行政主管部门统一规定。

第六章　测绘成果

第二十八条　国家实行测绘成果汇交制度。

测绘项目完成后，测绘项目出资人或者承担国家投资的测绘项目的单位，应当向国务院测绘行政主管部门或者省、自治区、直辖市人民政府测绘行政主管部门汇交测绘成果资料。属于基础测绘项目的，应当汇交测绘成果副本；属于非基础测绘项目的，应当汇交测绘成果目录。负责接收测绘成果副本和目录的测绘行政主管部门应当出具测绘成果汇交凭证，并及时将测绘成果副本和目录移交给保管单位。测绘成果汇交的具体办法由国务院规定。

国务院测绘行政主管部门和省、自治区、直辖市人民政府测绘行政主管部门应当定期编制测绘成果目录，向社会公布。

第二十九条　测绘成果保管单位应当采取措施保障测绘成果的完整和安全，并按照国家有关规定向社会公开和提供利用。

测绘成果属于国家秘密的，适用国家保密法律、行政法规的规定；需要对外提供的，按照国务院和中央军事委员会规定的审批程序执行。

第三十条 使用财政资金的测绘项目和使用财政资金的建设工程测绘项目，有关部门在批准立项前应当征求本级人民政府测绘行政主管部门的意见，有适宜测绘成果的，应当充分利用已有的测绘成果，避免重复测绘。

第三十一条 基础测绘成果和国家投资完成的其他测绘成果，用于国家机关决策和社会公益性事业的，应当无偿提供。

前款规定之外的，依法实行有偿使用制度；但是，政府及其有关部门和军队因防灾、减灾、国防建设等公共利益的需要，可以无偿使用。

测绘成果使用的具体办法由国务院规定。

第三十二条 中华人民共和国领域和管辖的其他海域的位置、高程、深度、面积、长度等重要地理信息数据，由国务院测绘行政主管部门审核，并与国务院其他有关部门、军队测绘主管部门会商后，报国务院批准，由国务院或者国务院授权的部门公布。

第三十三条 各级人民政府应当加强对编制、印刷、出版、展示、登载地图的管理，保证地图质量，维护国家主权、安全和利益。具体办法由国务院规定。

各级人民政府应当加强对国家版图意识的宣传教育，增强公民的国家版图意识。

第三十四条 测绘单位应当对其完成的测绘成果质量负责。县级以上人民政府测绘行政主管部门应当加强对测绘成果质量的监督管理。

第七章 测量标志保护

第三十五条 任何单位和个人不得损毁或者擅自移动永久性测量标志和正在使用中的临时性测量标志，不得侵占永久性测量标志用地，不得在永久性测量标志安全控制范围内从事危害测量标志安全和使用效能的活动。

本法所称永久性测量标志，是指各等级的三角点、基线点、导线点、军用控制点、重力点、天文点、水准点和卫星定位点的木质觇标、钢质觇标和标石标志，以及用于地形测图、工程测量和形变测量的固定标志和海底大地点设施。

第三十六条 永久性测量标志的建设单位应当对永久性测量标志设立明显标记，并委托当地有关单位指派专人负责保管。

第三十七条 进行工程建设，应当避开永久性测量标志；确实无法避开，需要拆迁永久性测量标志或者使永久性测量标志失去效能的，应当经国务院测绘行政主管部门或者省、自治区、直辖市人民政府测绘行政主管部门批准；涉及军用控制点的，应当征得军队测绘主管部门的同意。所需迁建费用由工程建设单位承担。

第三十八条 测绘人员使用永久性测量标志，必须持有测绘作业证件，并保证测量标志的完好。

保管测量标志的人员应当查验测量标志使用后的完好状况。

第三十九条 县级以上人民政府应当采取有效措施加强测量标志的保护工作。

县级以上人民政府测绘行政主管部门应当按照规定检查、维护永久性测量标志。

乡级人民政府应当做好本行政区域内的测量标志保护工作。

第八章 法律责任

第四十条 违反本法规定，有下列行为之一的，给予警告，责令改正，可以并处十万元以下的罚款；对负有直接责任的主管人员和其他直接责任人员，依法给予行政处分：

(一)未经批准，擅自建立相对独立的平面坐标系统的；

(二)建立地理信息系统，采用不符合国家标准的基础地理信息数据的。

第四十一条 违反本法规定，有下列行为之一的，给予警告，责令改正，可以并处十万元以下的罚款；构成犯罪的，依法追究刑事责任；尚不够刑事处罚的，对负有直接责任的主管人员和其他直接责任人员，依法给予行政处分：

(一)未经批准，在测绘活动中擅自采用国际坐标系统的；

(二)擅自发布中华人民共和国领域和管辖的其他海域的重要地理信息数据的。

第四十二条 违反本法规定，未取得测绘资质证书，擅自从事测绘活动的，责令停止违法行为，没收违法所得和测绘成果，并处测绘约定报酬一倍以上二倍以下的罚款。

以欺骗手段取得测绘资质证书从事测绘活动的，吊销测绘资质证书，没收违法所得和测绘成果，并处测绘约定报酬一倍以上二倍以下的罚款。

第四十三条 违反本法规定，测绘单位有下列行为之一的，责令停止违法行为，没收违法所得和测绘成果，处测绘约定报酬一倍以上二倍以下的罚款，并可以责令停业整顿或者降低资质等级；情节严重的，吊销测绘资质证书：

(一)超越资质等级许可的范围从事测绘活动的；

(二)以其他测绘单位的名义从事测绘活动的；

(三)允许其他单位以本单位的名义从事测绘活动的。

第四十四条 违反本法规定，测绘项目的发包单位将测绘项目发包给不具有相应资质等级的测绘单位或者迫使测绘单位以低于测绘成本承包的，责令改正，可以处测绘约定报酬二倍以下的罚款。发包单位的工作人员利用职务上的便利，索取他人财物或者非法收受他人财物，为他人谋取利益，构成犯罪的，依法追究刑事责任；尚不够刑事处罚的，依法给予行政处分。

第四十五条 违反本法规定，测绘单位将测绘项目转包的，责令改正，没收违法所得，处测绘约定报酬一倍以上二倍以下的罚款，并可以责令停业整顿或者降低资质等级；情节严重的，吊销测绘资质证书。

第四十六条 违反本法规定，未取得测绘执业资格，擅自从事测绘活动的，责令停止违法行为，没收违法所得，可以并处违法所得二倍以下的罚款；造成损失的，依法承担赔偿责任。

第四十七条 违反本法规定，不汇交测绘成果资料的，责令限期汇交；逾期不汇交的，对测绘项目出资人处以重测所需费用一倍以上二倍以下的罚款；对承担国家投资的测绘项目的单位处一万元以上五万元以下的罚款，暂扣测绘资质证书，自暂扣测绘资质证书之日起六个月内仍不汇交测绘成果资料的，吊销测绘资质证书，并对负有直接责任的主管人员和其他直接责任人员依法给予行政处分。

第四十八条 违反本法规定，测绘成果质量不合格的，责令测绘单位补测或者重测；情节严重的，责令停业整顿，降低资质等级直至吊销测绘资质证书；给用户造成损失的，依法承担赔偿责任。

第四十九条 违反本法规定，编制、印刷、出版、展示、登载的地图发生错绘、漏绘、泄密，危害国家主权或者安全，损害国家利益，构成犯罪的，依法追究刑事责任；尚不够刑事处罚的，依法给予行政处罚或者行政处分。

第五十条 违反本法规定，有下列行为之一的，给予警告，责令改正，可以并处五万元以下的罚款；造成损失的，依法承担赔偿责任；构成犯罪的，依法追究刑事责任；尚不够刑事处罚的，对负有直接责任的主管人员和其他直接责任人员，依法给予行政处分：

（一）损毁或者擅自移动永久性测量标志和正在使用中的临时性测量标志的；

（二）侵占永久性测量标志用地的；

（三）在永久性测量标志安全控制范围内从事危害测量标志安全和使用效能的活动的；

（四）在测量标志占地范围内，建设影响测量标志使用效能的建筑物的；

（五）擅自拆除永久性测量标志或者使永久性测量标志失去使用效能，或者拒绝支付迁建费用的；

（六）违反操作规程使用永久性测量标志，造成永久性测量标志毁损的。

第五十一条 违反本法规定，有下列行为之一的，责令停止违法行为，没收测绘成果和测绘工具，并处一万元以上十万元以下的罚款；情节严重的，并处十万元以上五十万元以下的罚款，责令限期离境；所获取的测绘成果属于国家秘密，构成犯罪的，依法追究刑事责任：

（一）外国的组织或者个人未经批准，擅自在中华人民共和国领域和管辖的其他海域从事测绘活动的；

（二）外国的组织或者个人未与中华人民共和国有关部门或者单位合资、合作，擅自在中华人民共和国领域从事测绘活动的。

第五十二条 本法规定的降低资质等级、暂扣测绘资质证书、吊销测绘资质证书的行政处罚，由颁发资质证书的部门决定；其他行政处罚由县级以上人民政府测绘行政主管部门决定。

本法第五十一条规定的责令限期离境由公安机关决定。

第五十三条 违反本法规定，县级以上人民政府测绘行政主管部门工作人员利用职务上的便利收受他人财物、其他好处或者玩忽职守，对不符合法定条件的单位核发测绘资质证书，不依法履行监督管理职责，或者发现违法行为不予查处，造成严重后果，构成犯罪的，依法追究刑事责任；尚不够刑事处罚的，对负有直接责任的主管人员和其他直接责任人员，依法给予行政处分。

第九章 附则

第五十四条 军事测绘管理办法由中央军事委员会根据本法规定。

第五十五条 本法自 2002 年 12 月 1 日起施行。

附录 4　点之记例图

四等点点之记

工程路线名称：××段—××段

<table>
<tr><td>点名</td><td>BM004</td><td>等级</td><td>四等</td><td>概略坐标</td><td colspan="3">X：××；Y：××</td></tr>
<tr><td>所在地</td><td colspan="3">××县</td><td>地类</td><td>山地</td><td>土质</td><td>沙土</td></tr>
<tr><td colspan="4">点位说明：
本点位于大车路西边 2m 处，深田水库边上。</td><td colspan="4">点位略图：
BM004
130.383</td></tr>
</table>

选点及埋石情况

<table>
<tr><td>单　位</td><td colspan="2"></td></tr>
<tr><td>选点员</td><td colspan="2"></td></tr>
<tr><td>埋石员</td><td colspan="2"></td></tr>
<tr><td>保管员</td><td colspan="2"></td></tr>
<tr><td>调制员</td><td colspan="2"></td></tr>
<tr><td>日　期</td><td colspan="2"></td></tr>
<tr><td rowspan="2">联测坐标</td><td>等级</td><td>四等</td></tr>
<tr><td>方法</td><td>GPS 测量</td></tr>
<tr><td rowspan="2">联测高程</td><td>等级</td><td>四等</td></tr>
<tr><td>方法</td><td>四等水准</td></tr>
<tr><td>通视点名</td><td colspan="2">BM003、BM005</td></tr>
<tr><td>备　注</td><td colspan="2"></td></tr>
</table>

附录5　地形图测绘技术设计书及地形图例图

国电电力阿拉善左旗 20MW 光伏电站测量技术设计

一、概述

1. 任务来源、目的和任务范围

我公司对“国电电力阿拉善左旗 20MW 光伏电站”规划设计范围进行了 1∶500 地形图测量，以获取和表述土地的位置、形状、用途等有关信息，为工程设计、施工等多种用途提供基础资料。

测量区域中心地理位置：

东经：×°×′

北纬：×°×′

测区范围在提供坐标规划区范围，测量约 0.45 平方公里。

2. 测区概况

测区位于阿拉善左旗南约 22 公里，交通便利。

二、已有资料及其利用

起算点“国家三角点 5621，蛇腰山”(国家 80 坐标系，1956 黄海高程系)。

三、作业依据

GB/T18314—2009《全球定位系统(GPS)测量规范》；

国家基本比例尺地图图式第 1 部分：1∶500　1∶1000　1∶2000 地形图图式 GB/T20257.1—2007

CH/T1004—2005《测绘技术设计规定》；

GB/T18316—2001《数字测绘产品检查验收规定和质量评定》；

GB/T24356—2009《测绘成果质量检查与验收》；

CH/T1001—2005《测绘技术总结编写规定》。

四、人员组成、仪器设备、作业时间及工作量

人员组成：测区人员计 6 人。其中行政、技术负责人 1 人、检查员 1 人、作业组长 1 人、技术员 3 人。

仪器设备：中海达 V8RTK 一套　3 台

便携计算机　3 台

DZS3—1 自动安平水准仪　1 台

惠普打印机　1 台

工具车　1 辆

作业时间：2012 年 4 月 16 日至 2012 年 4 月 21 日

完成工作量：

1. E 级 GPS 点 3 个。

2. 1∶500 数字化地形测图 0.56 平方公里。

五、首级平面、高程控制

1. 坐标系统

平面采用国家 80 坐标系、高斯正形投影统一 3 度带平面直角坐标，中央子午线 $L=105°$，5621 作为基点投影蛇腰山点，归算至测区平均高程面 1470 米。

高程采用 1956 黄海高程系。

2. 平面控制

在测区原有的起算点的基础上布设 E 级 GPS 网。基线长度基本控制在 1000 米以内。

- GPS 数据的采集

GPS 的数据采集使用中海达 V8 型 GPS 接收机标称精度为 $5mm±10^{-6}D$ 同步观测。其基本技术要求如下表所示：

等级＼项目	观测方法	卫星高度用	有效观测卫星数	平均重复设站数	时间长度（min）	数据采样间隔(s)
一级	静态	≥15°	≥4	≥1.6	≥30	10-60

采集前做好了充分的准备工作，如：通迅设备的畅通，接收机的性能完好等。使观测组保证同步观测同一卫星。

每时段开机前量取天线高至毫米，并且量取两次，取平均值，以提高高程的精度，并及时记录点名、年月日、接收机号、开机时间、结束时间、天线高等。

每日数据采集结束后，及时将数据传输至计算机，并做好数据文件的备份。

为了保证控制点的平面精度，与已知点联测时间提到 40 分钟。

- GPS 数据处理

基线的解算：基线向量的解算使用 HDS 软件在微机上进行。其基线向量的检核包括同步环、独立异步环和复测基线 3 类。基线限差按《卫星定位城市测量规范》CJJ/T73—2010 和《全球定位系统 GPS 测量规范》GB/T18314—2009 的规定执行。

- GPS 补测与重测

对于不能与两条合格独立基线相连的点，在该点位上重测两条独立基线，至合格为止。

- GPS 网平差处理

首先在 WGS—84 坐标系中进行三维无约束平差，检核 GPS 网的内部符合精度，各项精度统计符合《卫星定位城市测量规范》CJJ/T73—2010 和《全球定位系统 GPS 测量规范》

GB/T18314—2009的规定后，再进行二维约束平差。投影方式为在高斯克吕格正形投影后归算至测区平均面。

3. 高程控制

四等水准从“国家5621三角点起，TD01，TD02，TD03”水准线路长共计3.2公里。

高程控制采用GPS拟合的方法。以“蛇腰山，5621，TD03”作为测区的高程起算点，布设GPS高程拟合网。

E级GPS网、四等GPS高程的各项精度均符合规范要求。

六、地形测量

外业数据采集采用、中海达RTK综合利用，逐步提高了外业的进度。利用仪器内存采集碎步点坐标，内业处理时，先把外业采集数据传输到计算机、建立数据文件、再根据外业绘制的草图、加入属性进行编辑。当天的外业工作内业基本上做到了日日清，作业中所发现的问题，已在外业加以改正。

七、检查情况

对E级GPS的制作情况进行了检查，点位选埋合理，外框尺寸正确，字体正规，中心标志明显。

对控制计算资料进行了详细的检查，包括对起算数据的校对、资料的打印输出、项目输出是否齐全等。

地形图的检查是在各作业组自查互查的基础上，对所有地形图进行了100%内业检查。

国电电力阿拉善左旗20MW光伏电站的1：500地形测量测区各项测量成果，经上述各级检查，改正错误后，我单位认为资料齐全，满足各项规程规范要求，可以提交甲方验收、使用。

八、处理情况

检查中发现的问题已责成各作业组加以改正。内业不能处理的一律去野外进行补做工作。

九、上交资料

序号	成果名称	规格	数量	备注
1	测量技术报告书(含控制点成果表)	册	1	光盘
2	测量原始记录及计算成果	册	1	纸质和光盘
3	测区1：500数字化地形图	套	1	纸质和光盘

国电电力阿拉善左旗 20MW 光伏电站测量局部地形图

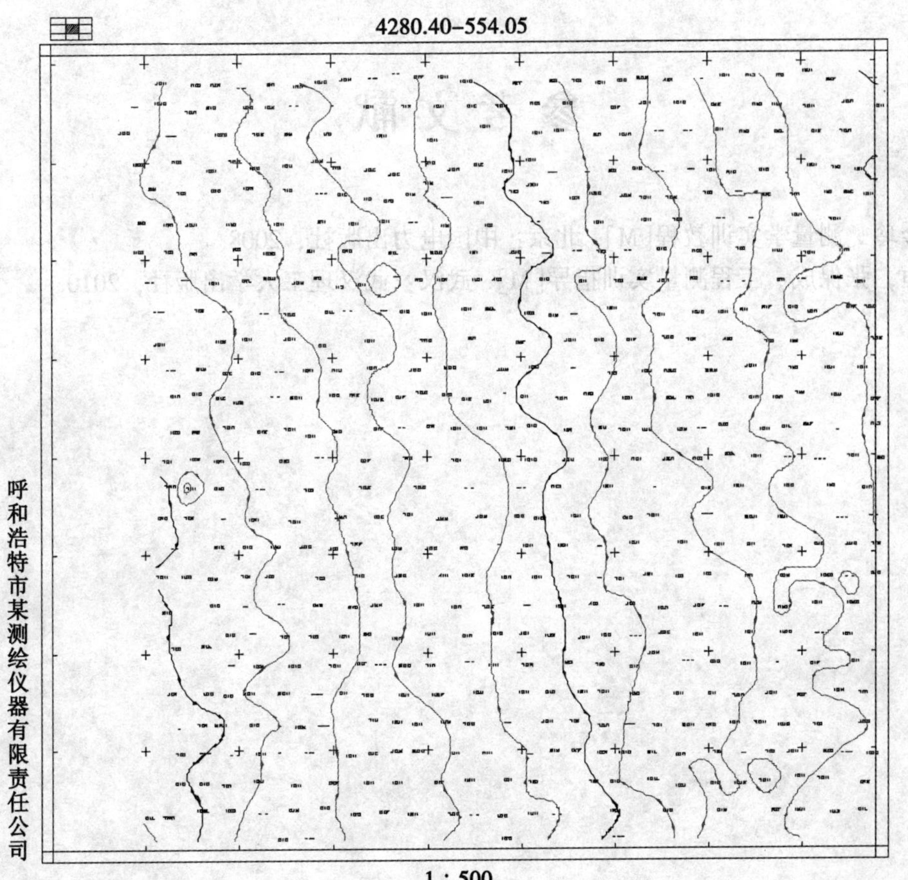

参考文献

[1]王金玲．测量学实训教程[M]．北京：中国电力出版社，2008.
[2]孙恒，张保成．工程测量实训指导[M]．武汉：武汉理工大学出版社，2010.